FORSCHUNGSBERICHTE DES LANDES NORDRHEIN-WESTFALEN
Nr. 2515

Herausgegeben im Auftrage des Ministerpräsidenten Heinz Kühn
vom Minister für Wissenschaft und Forschung Johannes Rau

P. L. Butzer
W. Oberdörster

Lehrstuhl A für Mathematik
der Rhein.-Westf. Techn. Hochschule Aachen

Darstellungssätze für beschränkte
lineare Funktionale im Zusammenhang mit Hausdorff-,
Stieltjes- und Hamburger-Momentenproblemen

Westdeutscher Verlag 1975

Herrn Professor Alberto Dominguez González
zum 70. Geburtstag gewidmet

© 1975 by Westdeutscher Verlag GmbH, Opladen
Gesamtherstellung: Westdeutscher Verlag

ISBN-13: 978-3-531-02515-5   e-ISBN-13: 978-3-322-88178-6
DOI: 10.1007/978-3-322-88178-6

Inhalt

1. Einleitung und Problemstellung 1
2. Riesz-Darstellungssätze 5
3. Das Hausdorff-Momentenproblem 8
4. Das Hamburger- und Stieltjes-Momentenproblem und
   verwandte Probleme 14
5. Darstellbarkeit von Folgen als Koeffizienten einer
   Orthogonalentwicklung 18
6. Anwendungen auf Laguerre-, Hermite- und Legendre-
   Entwicklungen 27
   6.1 Modifiziertes Laguerre-Momentenproblem 27
   6.2 Modifiziertes Hermite-Momentenproblem 30
   6.3 Modifiziertes Legendre-Momentenproblem 33
7. Ein Vergleich zwischen dem Hausdorff-Momentenproblem
   und dem modifizierten Legendre-Momentenproblem 36
8. Der Zusammenhang zwischen den modifizierten Momentenproblemen und den Riesz-Sätzen 41

Literaturverzeichnis 45

1. Einleitung und Problemstellung

In unserer Arbeit [7] werden beschränkte lineare Funktionale auf verschiedenen Räumen stetiger Funktionen untersucht und zwar die Gültigkeit von Riesz-Darstellungssätzen. Während wir uns dort auf _stetige_ Funktionen beschränken, nehmen wir hier die Räume Lebesgue-integrierbarer Funktionen hinzu.

Ein Aspekt der obigen Arbeit ist der Zusammenhang zwischen dem BV[0,1]-Hausdorff-Momentenproblem und dem C[0,1]-Riesz-Darstellungssatz: einmal kann man den C[0,1]-Riesz-Satz durch Anwendung des BV[0,1]-Hausdorff-Momentenproblems beweisen (vgl. [20], [39]), aber umgekehrt läßt sich das Hausdorff-Momentenproblem über den Riesz-Darstellungssatz lösen (vgl. [19], [25]). Es stellt sich daher die Frage, ob ein ähnlicher Zusammenhang nachgewiesen werden kann zwischen den Riesz-Darstellungssätzen für verschiedene Räume stetiger bzw. Lebesgue-integrierbarer Funktionen und gewissen Momentenproblemen mit Belegungsfunktionen aus den dualen Räumen.

Dazu wollen wir zunächst einmal verschiedene Funktionenräume definieren. Für reelle Zahlen a und b, a<b, sei C[a,b] die Klasse aller auf [a,b] definierten, stetigen reellwertigen Funktionen, C[0,∞) die Menge aller auf [0,∞) stetigen Funktionen $f(x)$ mit $\lim_{x \to \infty} f(x) = 0$ und für $f \in C_o(-\infty, \infty)$ gelte analog $\lim_{|x| \to \infty} f(x) = 0$. Im folgenden bezeichne $C_o(I)$ einen der drei Räume C[a,b], $C_o[0,\infty)$ bzw. $C_o(-\infty,\infty)$. Dies sind Banach-Räume unter der Norm $\|f\|_{C_o} = \sup_{x \in I} |f(x)|$, I wie oben gewählt. Mit BV(I) bezeichnen wir die Menge aller Funktionen α definiert auf I, die dort von beschränkter Variation sind, d.h. $[\text{Var } \alpha]_I < \infty$, und die zusätzlich normalisiert sind durch $\alpha(u) = [\alpha(u+0) + \alpha(u-0)]/2$ und $\alpha(a) = 0$ im Falle I=[a,b] bzw. außerdem $\lim_{x \to \infty} \alpha(x) < \infty$ im Falle I=[0,∞) und $\lim_{x \to -\infty} \alpha(x) = 0$, $\lim_{x \to +\infty} \alpha(x) < \infty$ falls I=(-∞,∞) gewählt wird. Für $1 \leq p < \infty$ ist

$$L^p(I) = \{f;\ f\ \text{meßbar auf}\ I\ \text{mit}\ \|f\|_p = (\int_I |f(x)|^p dx)^{1/p} < \infty\}$$

und $L^\infty(I)$ die Klasse aller auf I meßbaren, wesentlich beschränkten Funktionen, d.h. $\|f\|_\infty = \text{wes sup}_{x \in I}|f(x)| < \infty$. Auch diese Räume $L^p(I)$, $1 \leq p \leq \infty$, sind unter der jeweiligen Norm Banach-Räume.

Beim Hausdorff-Momentenproblem für BV[0,1] wird nun untersucht, wann eine vorgegebene Folge $\{\mu_k\}_{k=0}^\infty$ reeller Zahlen die Darstellung

$$\mu_k = \int_I u^k\ d\alpha(u) \qquad (\alpha \in BV[0,1], k \in \mathbb{P})$$

hat für das spezielle kompakte Intervall $I=[0,1]$. Setzt man stattdessen $I=[0,\infty)$ bzw. $I=(-\infty,\infty)$, so gelangt man zum klassischen Stieltjes- bzw. Hamburger-Momentenproblem. Der Riesz-Darstellungssatz für den entsprechenden Raum $C_o(I)$ kann aber nicht über die Lösung dieser Momentenprobleme bewiesen werden, da die Potenzen u^k, $k \in \mathbb{P}$, bekanntlich in keinem der Räume $C_o[0,\infty)$, $C_o(-\infty,\infty)$ eine Fundamentalmenge bilden. Dies aber muß gerade der Fall sein, will man den Beweis von Hildebrandt-Schoenberg [20] von [0,1] auf unendliche Intervalle übertragen. Analoge Überlegungen gelten für $L^p[0,\infty)$ bzw. $L^p(-\infty,\infty)$, $1 \leq p < \infty$.

Aus diesem Grunde werden die klassischen Momentenprobleme von Stieltjes und Hamburger so modifiziert, daß man statt der Potenzen u^k, $k \in \mathbb{P}$, Funktionen aus einer Fundamentalmenge für $C_o(I)$ bzw. $L^p(I)$, $1 \leq p < \infty$, für unendliche I wählt, z.B. die gewichteten Potenzen $u^k e^{-u/2}$ für $C_o[0,\infty)$ und $L^p[0,\infty)$ bzw. $u^k e^{-u^2/2}$ für $C_o(-\infty,\infty)$ und $L^p(-\infty,\infty)$, $1 \leq p < \infty$. Damit gelangt man in Abschnitt 4 zu den modifizierten Momentenproblemen erster Art, wo Aussagen über die Existenz von Funktionen $\alpha \in BV(I)$ für die Integraldarstellungen

$$\mu_k = \int_0^\infty u^k e^{-u/2} d\alpha(u)$$

bzw.

$$\mu_k = \int_{-\infty}^\infty u^k e^{-u^2/2} d\alpha(u)$$

$(k \in \mathbb{P})$

gesucht sind. Entsprechende Ergebnisse erhalten wir für $L^p(I)$, $1 \leq p < \infty$.

Jedoch wirken die für die obigen Darstellungen notwendigen und hinreichenden Bedingungen an $\{\mu_k\}_{k=0}^{\infty}$ durch ihre funktionalanalytische Gestalt sehr implizit und weisen mit den klassischen σ-Bedingungen des Hausdorff-Problems (siehe (3.2), (3.5), (3.7)) keine Ähnlichkeit auf. Wir gelangen dann im Rahmen von allgemeinen Orthogonalentwicklungen zu den zweiten modifizierten Momentenproblemen, nämlich zu den modifizierten Laguerre- bzw. Hermite-Momentenproblemen. Diese unterscheiden sich von den ersten modifizierten Momentenproblemen dadurch, daß man statt der Funktionen $u^k e^{-u/2}$ bzw. $u^k e^{-u^2/2}$ gewisse Linearkombinationen, nämlich die Laguerre- bzw. Hermite-Funktionen wählt. Dadurch gewinnt man zusätzlich eine dritte Äquivalenz in Form einer σ-Aussage zu den bisherigen zwei Bedingungen hinzu, vergleichbar mit den entsprechenden Bedingungen des Satzes 2 beim Hausdorff-Problem.

Die modifizierten Momentenprobleme erster und zweiter Art werden über die Riesz-Darstellungssätze bewiesen, während sich letztere nun umgekehrt aus den obigen Momentenproblemen beweisen lassen.

Wegen der zu zeigenden Kopplung zwischen den Momentenproblemen und den Riesz-Darstellungssätzen für beschränkte lineare Funktionale werden die Riesz-Sätze zunächst einmal unabhängig von den Momentenproblemen in § 2 bewiesen für unendliche Intervalle I mit der Methode von Mandelbrojt [26].

Im dritten Abschnitt behandeln wir dann das bereits erwähnte Hausdorff-Momentenproblem (Satz 1) und gewinnen aus Methoden der Funktionalanalysis (Lemma 1) eine zusätzliche dritte Äquivalenz zu den klassischen Äquivalenzen in Satz 2. Für die folgenden (modifizierten) Momentenprobleme beweisen wir dann stets die Äquivalenz mit einer solchen funktionalanalytischen Bedingung, so in den Sätzen 4 und 5 über die modifizierten Stieltjes- und Hamburger-Momentenprobleme in § 4. Vorher formulieren wir noch Satz 3 über das klassische Stieltjes- bzw. Hamburger-Momentenproblem ohne

Beweis. In § 5, einem Hauptteil dieser Arbeit, wird die Überleitung zu dem zweiten modifizierten Momentenproblem hergestellt. Hierbei wird ein Ergebnis von Dominguez González [10], dort speziell für das System der Hermite-Funktionen bewiesen, auf möglichst breite Klassen orthonormierter Systeme verallgemeinert. Dies liefert Satz 6 mit den vier Teilergebnissen für $BV(I)$, $L^q(I)$, $1<q<\infty$, $L^\infty(I)$ und $L^1(I)$. Als entscheidendes Beweismittel für diesen Satz 6 erweist sich der Riesz-Satz für $C_o(I)$ bzw. $L^p(I)$, $1<p<\infty$. Die jeweils diskutierten zweiten modifizierten Momentenprobleme sind wiederum stets zu zwei weiteren Bedingungen äquivalent.

Im Abschnitt 6 wird der allgemeine Satz 6 dann auf die speziellen orthonormierten Systeme von Laguerre- und Hermite-Funktionen und Legendre-Polynomen angewendet, woraus wir das modifizierte Laguerre-Momentenproblem (Satz 7), das modifizierte Hermite-Momentenproblem (Satz 8) und das modifizierte Legendre-Momentenproblem (Satz 9) erhalten. Da das klassische Hausdorff-Momentenproblem und auch das modifizierte Legendre-Momentenproblem mittels Integrale über $I=[0,1]$ formuliert sind, besteht hier die Frage nach einem Zusammenhang zwischen diesen beiden, der in § 7 diskutiert wird. Dieser drückt sich schließlich darin aus, daß die für das Legendre-Momentenproblem typische $\bar{O}$-Bedingung in Satz 10 zu einer vierten Äquivalenz zum Hausdorff-Momentenproblem formuliert werden kann. Außerdem wird in diesem Abschnitt die jeweilige Belegungsfunktion $\alpha(u) \in BV[0,1]$ sowohl für das Hausdorff- als auch für das modifizierte Legendre-Momentenproblem explizit angegeben.

Im letzten Abschnitt beweisen wir dann noch die bereits oben erwähnte Kopplung zwischen den Riesz-Darstellungssätzen und den modifizierten Momentenproblemen. Während im Beweis des Satzes 6 die Riesz-Sätze für $C_o(I)$ bzw. $L^p(I)$, $1<p<\infty$, benutzt werden, können wir umgekehrt nun die Riesz-Sätze beweisen über die modifizierten Momentenprobleme zweiter Art mit Belegungsfunktionen aus den jeweils dualen Räumen $BV(I)$ bzw. $L^q(I)$, $1<q<\infty$, für $1/p+1/q=1$. Im Falle $q=1$ (Satz 6 (d)) ist dies allerdings nicht möglich.

Die Abhandlung ist in erster Linie als Übersichtsbericht über einen klassischen Gegenstand anzusehen. Falls die Sätze in der vorliegenden Form nicht schon bekannt sind, so sind sie aus den bereits vorhandenen Ergebnissen zu erwarten. Es ergeben sich allerdings eine Reihe neuer Gesichtspunkte. So wird der klassische Hausdorff-Satz für BV[0,1] mit Hilfe einer Anwendung des Hahn-Banach-Fortsetzungssatzes mit drei äquivalenten Bedingungen (anstelle von zwei) formuliert; diese werden später mit Hilfe des Satzes 6 zu vier ausgebaut. Dieser Aspekt, möglichst viele äquivalente Bedingungen zu erhalten, wird auch bei allen modifizierten Momentenproblemen vertreten. Weiter wird die bekannte Kopplung zwischen dem BV(I)-Hausdorff-Problem und dem $C_o(I)$-Riesz-Satz für I=[0,1] auf beliebige Intervalle I und auch auf Räume Lebesgue-integrierbarer Funktionen verallgemeinert.

Die Autoren sind Herrn Dr. J. Junggeburth für viele wertvolle Anregungen sowie für die kritische Durchsicht des Manuskriptes zu Dank verpflichtet. Weiter danken sie Herrn Professor G. Gasper für die Klärung mancher Fragen über Spezielle Funktionen.

Diese Abhandlung wurde im Rahmen des Forschungsvorhabens "Momentenprobleme, Darstellungssätze für lineare Funktionale mit Anwendungen", Geschäftszeichen II B7 - FA 5843, vom Minister für Wissenschaft und Forschung des Landes Nordrhein-Westfalen gefördert. Sie stellt einen Zwischenbericht zu diesem Vorhaben dar.

2. Riesz-Darstellungssätze

Einer der wesentlichen Eckpfeiler dieser Abhandlung ist der Riesz-Darstellungssatz für beschränkte lineare Funktionale auf den Räumen $C_o(I)$ bzw. $L^p(I)$, $1 \leq p < \infty$, der aussagt

Satz A. *Jedes beschränkte lineare Funktional F auf $C_o(I)$ hat die Darstellung*

$$(2.1) \qquad F(f) = \int_I f(u) d\alpha(u) \qquad (f \in C_o(I))$$

mit $\|F\| = [\text{Var } \alpha]_I$ und einem eindeutigen $\alpha \in BV(I)$.

Obwohl dieser Darstellungssatz bekanntlich für alle möglichen Räume $C_o(I)$ mit Hilfe von maß- und integrationstheoretischen Methoden bewiesen werden kann, besteht aber auch im Falle der Räume $C_o(-\infty,\infty)$ und $C_o[0,\infty)$ die Möglichkeit - ähnlich wie für $C[a,b]$ - diese abstrakteren Methoden zu vermeiden und mit Spline-Operatoren anstelle von Bernstein-Polynomen zum Ziel zu kommen (siehe diesbezüglich Butzer-Oberdörster [7] und die dort ausführlich zitierte Literatur).

Zum Beweis des Riesz-Darstellungssatzes für beschränkte lineare Funktionale auf $L^p(-\infty,\infty)$ bzw. $L^p[0,\infty)$ könnte man drei Wege gehen. Der übliche Beweis verwendet den Satz von Radon-Nikodym aus der Integrationstheorie (vgl. [13, S. 215 ff]). Ein anderer Weg, der auf diese Theorie verzichtet, ist ein Zugang von E.J. McShane [27], der auch im Buch von Hewitt-Stromberg [18, S. 230 f] übernommen wurde und die Ungleichung von J.A. Clarkson für $1<p<2$ bzw. $p \geq 2$ benutzt. Eine dritte Methode stammt von Mandelbrojt [26], der die Gültigkeit des Riesz-Satzes für beschränkte lineare Funktionale auf $L^p[n,n]$, $n \in \mathbb{N}$, $1 \leq p < \infty$, voraussetzt und dann im Grenzübergang zum Raum $L^p(-\infty,\infty)$ gelangt. Dieser Beweis, der also auf dem "endlichen" Fall $L^p(I)$, $I=[a,b]$, beruht, wird hier der Vollständigkeit halber kurz wiedergegeben.

<u>Satz B.</u> <u>Zu jedem beschränkten linearen Funktional F auf</u> $L^p(I)$, $1 \leq p < \infty$, <u>existiert ein eindeutiges</u> $g \in L^q(I)$, <u>so daß</u>

(2.2) $\qquad F(f) = \int_I f(u)g(u)du \qquad (f \in L^p(I))$

<u>und</u> $\|F\| = \|g\|_q$ <u>gilt, wobei</u> $1/p+1/q=1$ <u>für</u> $1<p<\infty$ <u>und</u> $q=\infty$ <u>für</u> $p=1$ <u>ist</u>.

Wird die Gültigkeit von Satz B nun für jedes beliebige $I=[a,b]$ vorausgesetzt (für einen klassischen, konstruktiven Beweis siehe z.B. [24, S. 130 f] oder auch [31, S. 103 f]), so definiert Mandelbrojt für ein vorgegebenes beschränktes lineares Funktional F auf $L^p(-\infty,\infty)$, $1 \leq p < \infty$, eine Folge von Funktionalen $\{F_n\}$ auf $L^p[-n,n]$, $n \in \mathbb{N}$, durch

(2.3) $\quad F_n(f) = F(f_n)$

wobei

(2.4) $\quad f_n(u) = f(u)\chi_n(u)$

($\chi_n(u) \equiv \chi_{[-n,n]}(u)$ ist die charakteristische Funktion von $[-n,n]$) gesetzt wird für ein beliebiges, festes $f \in L^p[-n,n]$. Einerseits gilt nun wegen

$$|F_n(f)| = |F(f_n)| \leq \|F\| \|f_n\|_p \leq \|F\| \|f\|_p,$$

daß jedes F_n, $n \in \mathbb{N}$, ein beschränktes lineares Funktional auf $L^p[-n,n]$ ist mit

(2.5) $\quad \|F_n\| \leq \|F\|$ $\hfill (n \in \mathbb{N})$

Andererseits existiert dann nach Satz B eine Folge von Funktionen $\{g_n\}$, wobei jedes $g_n \in L^q[-n,n]$ ist, so daß

(2.6) $\quad F_n(f) = \int_{-n}^{n} f(u) g_n(u) du$ $\hfill (n \in \mathbb{N})$

sowie

(2.7) $\quad \|g_n\|_q = \|F_n\| \leq \|F\|$

nach (2.5) gilt. Bezeichnet man nun mit $f^{(n)}(u)$ die Funktion

$$f^{(n)}(u) = \begin{cases} f(u) & , \ u \in [-n,n] \\ 0 & , \ u \in [-(n+1),(n+1)] \setminus [-n,n] \end{cases} \quad (n \in \mathbb{N})$$

so folgt aus

$$F_n(f) = \int_{-(n+1)}^{(n+1)} f^{(n)}(u) g_n(u) du$$

und

$$F_n(f) = F_{n+1}(f^{(n)}) = \int_{-(n+1)}^{(n+1)} f^{(n)}(u)g_{n+1}(u)du$$

die Relation $g(u)=g_{n+1}(u)$ fast überall auf $[-n,n]$. Für jedes beliebige, aber feste $f \in L^p(-\infty,\infty)$ folgt dann, da F stetig ist,

$$F(f) = \lim_{n\to\infty} F_n(f\chi_n) = \int_{-\infty}^{\infty} f(u)g(u)du$$

mit $g(u)=g_n(u)$ für $u \in [-n,n]$ und jedes $n \in \mathbb{N}$. Also gilt Satz B auch für das Intervall $I=(-\infty,\infty)$. Analog beweist man die Version für $I=[0,\infty)$.

Bemerkung 1. In der Bemerkung 2 zu Satz 6 (d) brauchen wir die Tatsache, daß nicht jedes beschränkte lineare Funktional auf $L^\infty(I)$ eine Darstellung (2.2) besitzt mit einer Funktion $g \in L^1(I)$. Der Beweis dieser Aussage wurde in [7] für den Fall $B(I)$, den Raum der beschränkten Funktionen auf I, bewiesen. Die Übertragung auf $L^\infty(I)$ ist offensichtlich.

3. Das Hausdorff-Momentenproblem

In seinen Arbeiten ([16, S. 74-109, 280-299], [17, S. 220-248]) hat F. Hausdorff bereits folgende notwendige und hinreichende Bedingungen für die Lösung der nach ihm benannten Momentenprobleme angegeben. Im folgenden bezeichnen L und M Konstanten, die von Fall zu Fall verschieden sein können.

Satz 1 (Hausdorff 1921/23). *Sei* $\{\mu_k\}_{k=0}^{\infty}$ *eine vorgegebene Folge reeller Zahlen. Es gilt*

(a) (BV[0,1]-Fall)

(3.1) $\qquad \mu_k = \int_0^1 u^k d\alpha(u) \qquad (k \in \mathbb{P})$

mit einem $\alpha \in BV[0,1]$ *dann und nur dann, wenn*

(3.2) $\qquad \sum_{k=0}^{n} |\mu_{k,n}| \leq L \qquad (n \in \mathbb{P})$

mit

(3.3) $\mu_{k,n} = \binom{n}{k}\Delta^{n-k}\mu_k$, $\Delta^j\mu_k = \sum_{\nu=0}^{j}(-1)^\nu\binom{j}{\nu}\mu_{k+\nu}$;

(b) ($L^q[0,1]$-Fall, $1<q<\infty$)

(3.4) $\quad\quad \mu_k = \int_0^1 u^k g(u)du \quad\quad\quad\quad\quad\quad\quad\quad (k \in \mathbb{P})$

mit einem $g \in L^q[0,1]$ <u>dann und nur dann, wenn</u>

(3.5) $\quad\quad \sum_{k=0}^{n}|\mu_{k,n}|^q < L(n+1)^{1-q}$, $\quad\quad\quad\quad\quad (n \in P)$

(c) ($L^\infty[0,1]$-Fall)

(3.6) $\quad\quad \mu_k = \int_0^1 u^k g(u)du \quad\quad\quad\quad\quad\quad\quad\quad (k \in \mathbb{P})$

mit einem $g \in L^\infty[0,1]$ <u>dann und nur dann, wenn</u>

(3.7) $\quad\quad |\mu_{k,n}| < L(n+1)^{-1} \quad\quad\quad\quad\quad\quad (0 \leq k \leq n, n \in \mathbb{P})$.

Der Beweis dieser Äquivalenzen ist außer in den o.a. zitierten Arbeiten von Hausdorff selbst auch z.B. an folgenden Stellen zu finden: [33, S.8f], [25, S. 58], [39, S. 103 ff], [29, S. 323 ff] für Satz 1 (a); [39, S. 109 ff], [37] für die Sätze 1 (b), (c). Der Beweis des Satzes 1 (a) in [25] zeichnet sich dadurch aus, daß er die gleichmäßige Konvergenz der Bernstein-Polynome auf $C[0,1]$ und den Riesz-Satz für $C[0,1]$ benutzt, eine Methode, die von Wang [37] für den $L^p[0,1]$-Fall übertragen wird, $1<p\leq\infty$, indem er die Bernstein-Polynome durch die Kantorovitch-Polynome ersetzt. Siehe hierzu Satz 2 (b).

H. Hahn [14] hat nun 1927 das folgende Lemma in einem funktionalanalytischen Rahmen bewiesen.

<u>Lemma 1.</u> <u>Sei</u> X <u>ein linearer normierter Raum,</u> $A \subset \mathbb{R}$ <u>eine beliebige Indexmenge, und</u> $\{f_\alpha; \alpha \in A\} \subset X$; $\{c_\alpha; \alpha \in A\} \subset \mathbb{R}$. <u>Damit ein beschränktes lineares Funktional</u> F <u>existiert mit</u>

(3.8) $\quad\quad F(f_\alpha) = c_\alpha \quad\quad\quad\quad\quad\quad\quad\quad\quad\quad (\alpha \in A);$

(3.9) $$\|F\| \leq M \qquad (0<M<\infty);$$

ist notwendig und hinreichend, daß

(3.10) $$|\textstyle\sum_\Pi \beta_\alpha c_\alpha | \leq M \|\sum_\Pi \beta_\alpha f_\alpha\|_X$$

gilt für jede endliche Teilmenge Π von A und jede Wahl von reellen Zahlen $\beta_\alpha \in \mathbb{R}$ ($\alpha \in A$).

Der Beweis dieses Satzes [22, S. 30 f], der in [12, S.86] kommentiert wird, soll der Vollständigkeit halber hier ausgeführt werden.

Die Notwendigkeit von (3.10) ist klar. Für die Hinlänglichkeit definieren wir ein lineares Funktional F' auf span$\{f_\alpha; \alpha \in A\}$ durch

(3.11) $$F'(\textstyle\sum_\Pi \beta_\alpha f_\alpha) = \sum_\Pi \beta_\alpha c_\alpha.$$

Nach (3.10) ist F' dann beschränkt mit $\|F'\| \leq M$. Als beschränktes lineares Funktional auf der linearen Mannigfaltigkeit läßt sich aber F' nach dem Hahn-Banach-Fortsetzungssatz zu einem beschränkten linearen Funktional F auf ganz X fortsetzen mit $\|F\| \leq M$, woraus schließlich $F(f_\alpha)=c_\alpha$ wegen (3.11) folgt.

Bringt man Lemma 1 in Zusammenhang mit dem Satz 1(a)-(c), so gilt

<u>Satz 2.</u> <u>Sei</u> $\{\mu_k\}_{k=0}^\infty$ <u>eine Folge reeller Zahlen und die</u> $\mu_{k,n}$ <u>wie in (3.3) definiert. Folgende drei Aussagen sind jeweils äquivalent:</u>

(a) (BV[0,1]-Fall)

(3.12) $$\mu_k = \int_0^1 u^k d\alpha(u) \qquad (\alpha \in BV[0,1], k \in \mathbb{P});$$

(3.13) $$\textstyle\sum_{k=0}^n |\mu_{k,n}| \leq L \qquad (n \in \mathbb{P});$$

(3.14) $$|\textstyle\sum_{k=0}^n \beta_k \mu_k | \leq M \|\sum_{k=0}^n \beta_k u^k\|_{C_0}$$

für jede Wahl von $\beta_k \in \mathbb{R}$, $0 \leq k \leq n$, $n \in \mathbb{P}$.

(b) ($L^q[0,1]$-Fall; $1<q<\infty$)

(3.15) $\quad \mu_k = \int_0^1 u^k g(u) du \quad\quad (g \in L^q[0,1], k \in \mathbb{P});$

(3.16) $\quad \sum_{k=0}^n |\mu_{k,n}|^q \leq L(n+1)^{1-q} \quad\quad (n \in \mathbb{P});$

(3.17) $\quad |\sum_{k=0}^n \beta_k \mu_k| \leq M \| \sum_{k=0}^n \beta_k u^k \|_p$

für jede Wahl von $\beta_k \in \mathbb{R}$, $0 \leq k \leq n$, $n \in \mathbb{P}$ und mit $1/p + 1/q = 1$.

(c) ($L^\infty[0,1]$-Fall)

(3.18) $\quad \mu_k = \int_0^1 u^k g(u) du \quad\quad (g \in L^\infty[0,1], k \in \mathbb{P});$

(3.19) $\quad |\mu_{k,n}| \leq L(n+1) \quad\quad (0 \leq k \leq n, n \in \mathbb{P});$

(3.20) $\quad |\sum_{k=0}^n \beta_k \mu_k| \leq M \| \sum_{k=0}^n \beta_k u^k \|_1$

für jede Wahl von $\beta_k \in \mathbb{R}$, $0 \leq k \leq n$, $n \in \mathbb{P}$.

Beweis. Obwohl die Beweise der ersten beiden Äquivalenzen in den jeweiligen Teilaussagen des Satzes 2 gemäß Satz 1 bekannt sind und auch die Äquivalenz der jeweils dritten Bedingung mit der ersten sich sofort aus Lemma 1 ergibt, wollen wir hier die Äquivalenz der drei Aussagen untereinander mit einem Ringschluß beweisen. Als Modellfall soll nur der $L^q[0,1]$-Fall, $1<q<\infty$, bewiesen werden, da wir hier eine in der Literatur relativ wenig bekannte Methode von [37] übernehmen können.

Es gelte (3.15). Hieraus folgt sofort für jede Wahl von Zahlen $\beta_k \in \mathbb{R}$, $0 \leq k \leq n$, $n \in \mathbb{P}$

$$\sum_{k=0}^n \beta_k \mu_k = \int_0^1 \sum_{k=0}^n \beta_k u^k g(u) du,$$

so daß nach der Hölder-Ungleichung (3.17) mit $M = \|g\|_q$ folgt. Gilt

(3.17), so folgt nach Lemma 1 die Existenz eines beschränkten linearen Funktionals F auf $L^p[0,1]$ mit

(3.21) $\qquad F(u^k) = \mu_k; \quad \|F\| \leq M \qquad\qquad (k \in \mathbb{P})$.

Nach Satz B hat dieses dann die Form

(3.22) $\qquad F(f) = \int_0^1 f(u)g(u)du \qquad\qquad (f \in L^p[0,1])$

mit einem $g \in L^q[0,1]$, $1/p+1/q=1$.

Das n-te Bernstein-Polynom einer Funktion $\phi \in C[0,1]$ ist gegeben durch

$$(B_n\phi)(u) = \sum_{k=0}^{n} \phi(\tfrac{k}{n})\lambda_{k,n}(u) \qquad (u \in [0,1])$$

mit

$$\lambda_{k,n}(u) = \binom{n}{k}u^k(1-u)^{n-k} \qquad (0 \leq k \leq n, n \in \mathbb{P}).$$

Aus (3.22) folgt für die spezielle Wahl $f(u)=\lambda_{k,n}(u)$ (vgl. [39, S. 102])

$$F(\lambda_{k,n}) = \int_0^1 \lambda_{k,n}(u)g(u)du = \mu_{k,n} \qquad (0 \leq k \leq n, n \in \mathbb{P}),$$

$$|\mu_{k,n}| \leq \int_0^1 \lambda_{k,n}(u)|g(u)|du$$

und

$$|\mu_{k,n}|^q \leq \{\int_0^1 \lambda_{k,n}(u)du\}^{q-1} \int_0^1 \lambda_{k,n}(u)|g(u)|^q du.$$

Da nun

$$\int_0^1 \lambda_{k,n}(u)du = (n+1)^{-1}; \qquad \sum_{k=0}^{n} \lambda_{k,n}(u) = 1,$$

folgt

$$(n+1)^{q-1} \sum_{k=0}^{n} |\mu_{k,n}|^q \leq \int_0^1 |g(u)|^q du \equiv L,$$

d.h. es gilt (3.16). Setzt man schließlich (3.16) voraus, so
definieren wir die Kantorovitch-Polynome $K_n\phi$ für $\phi \in L^p[0,1]$
und $n \in \mathbb{P}$ durch

$$(K_n\phi)(u) = \sum_{k=0}^{n} \lambda_{k,n}(u)(n+1) \int_{k/(n+1)}^{(k+1)/(n+1)} \phi(t)dt.$$

Diese haben die Eigenschaft ([25, S. 33])

(3.23) $$\lim_{n\to\infty} \|K_n\phi - \phi\|_p = 0$$

und übernehmen die Rolle der Bernstein-Polynome im Beweis von
Satz 1(a), so daß aus (3.13) die Aussage (3.12) folgt (vgl. z.B.
[25, S. 58 f]). Nun setzen wir

(3.24) $$F(u^k) = \mu_k; \quad F(\sum_{\nu=0}^{k} a_\nu u^\nu) = \sum_{\nu=0}^{k} a_\nu \mu_\nu$$

für ein beliebiges $k \in \mathbb{P}$ und beliebige $a_\nu \in \mathbb{R}$, $0 \leq \nu \leq k$. Dann ist F ein
lineares Funktional auf der Klasse aller Polynome $P \subset L^p[0,1]$. Mit
der Hölder-Ungleichung und (3.16) folgt für jedes $f \in L^p[0,1]$ und
jedes $n \in \mathbb{P}$

$$|F(K_nf)|^q \leq (n+1)^q \sum_{k=0}^{n} |\mu_{k,n}|^q \{\sum_{k=0}^{n} (\int_{k/(n+1)}^{(k+1)/(n+1)} 1|f(t)|dt)^p\}^{q/p}$$

$$\leq L(n+1)\{\sum_{k=0}^{n} (\int_{k/(n+1)}^{(k+1)/(n+1)} dt)^{p/q} (\int_{k/(n+1)}^{(k+1)/(n+1)} |f(t)|^p dt)\}^{q/p}$$

$$= L\{\sum_{k=0}^{n} \int_{k/(n+1)}^{(k+1)/(n+1)} |f(t)|^p dt\}^{q/p} = L\|f\|_p^q.$$

Dies impliziert

(3.25) $$|F(K_nf)| \leq M\|f\|_p \qquad (f \in L^p[0,1], n \in \mathbb{P}).$$

Ist insbesondere f ein Polynom vom Grade m, so auch $K_n f$ (vgl.
analoge Eigenschaft der Bernstein-Polynome). Wegen (3.23) und
(3.25) gilt (vgl. [25, S. 58 f]) daher mit $n \to \infty$

$$|F(f)| \leq M\|f\|_p \qquad\qquad (f \in P).$$

Da P dicht in $L^p[0,1]$ ist, kann F zu einem beschränkten linearen Funktional F^* auf ganz $L^p[0,1]$ fortgesetzt werden, welches nach Satz B die Darstellung

$$F^*(f) = \int_0^1 f(u)g(u)du \qquad\qquad (f \in L^p[0,1])$$

mit einem $g \in L^q[0,1]$ hat. Für die spezielle Wahl $f(u)=u^k$, $u \in [0,1]$, $k \in \mathbb{P}$, erhält man aus (3.24) schließlich die Behauptung (3.15).

4. Das Hamburger- und Stieltjes-Momentenproblem und verwandte Probleme

Charakteristisch für die Momentenprobleme von Hausdorff ist die Tatsache, daß das Integrationsintervall stets endlich ist, nämlich in dem von uns betrachteten Fall $[0,1]$. Ersetzt man in (3.12) das Intervall $[0,1]$ durch $[0,\infty)$ bzw. $(-\infty,\infty)$, so gelangt man zu den klassischen Momentenproblemen von H. Hamburger [15] und Stieltjes [34]. Im folgenden bezeichnen wir mit Wachstumspunkten die Punkte einer Funktion $\alpha \in BV(I)$, in denen α streng monoton wachsend ist (vgl. [29, S. 329]).

<u>Satz 3 (a)</u> (Stieltjes 1894). <u>Die Integraldarstellungen</u>

$$(4.1) \qquad \mu_k = \int_0^\infty u^k d\alpha(u) \qquad\qquad (k \in \mathbb{P})$$

<u>haben für eine vorgegebene Folge</u> $\{\mu_k\}_{k=0}^\infty$ <u>reeller Zahlen genau dann eine monoton wachsende Lösung</u> $\alpha(u)$ <u>mit unendlich vielen Wachstumspunkten, wenn</u> $\{\mu_k\}_{k=0}^\infty$ <u>und</u> $\{\mu_{k+1}\}_{k=0}^\infty$ <u>streng positiv definit sind; d.h. genau dann, wenn für die quadratischen Formen</u>

$$\sum_{i=0}^n \sum_{j=0}^n \mu_{i+j}\,\xi_i\xi_j > 0, \quad \sum_{i=0}^n \sum_{j=0}^n \mu_{i+j+1}\,\xi_i\xi_j > 0$$

<u>gilt für beliebige reelle Zahlen</u> $\xi_i, \xi_j \in \mathbb{R}$, $0 \leq i,j \leq n$, $n \in \mathbb{P}$.

(b) (Hamburger 1920). <u>Die Integraldarstellungen</u>

(4.2) $$\mu_k = \int_{-\infty}^{\infty} u^k d\alpha(u)$$ (k ε ℙ)

<u>haben genau dann eine monoton wachsende Lösung</u> $\alpha(u)$ <u>mit unendlich vielen Wachstumspunkten, wenn</u> $\{\mu_k\}_{k=0}^{\infty}$ <u>streng positiv definit ist</u>.

Der Beweis dieser Aussagen ist an vielen Stellen zu finden, z.B. ist das Hamburger-Problem gelöst in [15], [33, S. 4 f], [39, S. 129 ff], [8, S.153], [3, S. 51 ff], [2, S. 30 ff], [3, S. 137 ff], [29, S. 342 ff]. Das Stieltjes-Problem ist etwa in [34], [33, S. 5 f], [39, S. 136 ff], [3, S. 139], [2, S. 76 f] diskutiert (siehe auch [7]).

Bedingungen an eine Folge $\{\mu_k\}$ reeller Zahlen, so daß eine Funktion $g \in L^q(-\infty,+\infty)$, $1 \leq q < \infty$, existiert mit der Eigenschaft

(4.3) $$\mu_k = \int_{-\infty}^{\infty} u^k g(u) du$$ (k ε ℙ)

sind uns nicht bekannt. Im Falle $q=\infty$, genauer für den Teilraum aller nichtnegativen beschränkten Funktionen $g \in L^\infty(-\infty,\infty)$, gibt es eine notwendige und hinreichende Bedingung an $\{\mu_k\}_{k=0}^{\infty}$, so daß ein solches $g(u)$ Lösung aller Gleichungen (4.3) ist. Diese Bedingung ist allerdings recht kompliziert (vgl. z.B. [3, S. 77] und auch [33, S. 86]).

Während das Hausdorff-Momentenproblem Satz 1 bzw. Satz 2 dadurch lösbar ist, daß man die Eigenschaft der Potenzen $\{u^k; k \in \mathbb{P}\}$ ausnutzt, in $C[a,b]$ bzw. $L^p[a,b]$, $1 \leq p < \infty$, für endliches $[a,b]$ eine Fundamentalmenge zu sein, kann man dieses Beweisargument nicht auf das Hamburger- bzw. Stieltjes-Momentenproblem übertragen, da die Potenzen diese Eigenschaft auf $C_0(I)$ bzw. $L^p(I)$, $1 \leq p < \infty$, mit $I=(-\infty, \infty)$ oder $I=[0,\infty)$ nicht mehr besitzen.

Ersetzt man jedoch die Potenzen $\{u^k\}$ durch die Funktionen $\{u^k e^{-u^2/2}\}$, $u \in I=\mathbb{R}$, bzw. $\{u^k e^{-u/2}\}$, $u \in I=[0,\infty)$, so bilden diese für $k \in \mathbb{P}$ und $u \in I$ ein Fundamentalsystem in $C_0(I)$ bzw. $L^p(I)$, $1 \leq p < \infty$ (siehe Stone [35, S. 72 ff, S. 78 ff], vgl. auch [6, S.131]).

Aus Satz 2 kann man dann die folgenden Ergebnisse herleiten, welche erste Modifikationen des Stieltjes- bzw. Hamburger-Momentenproblems darstellen.

<u>Satz 4</u>. <u>Sei</u> $\{\mu_k\}_{k=0}^{\infty}$ <u>eine Folge reeller Zahlen</u>.

(a) (BV[$0,\infty$)-Fall)

<u>Es gilt</u>

(4.4) $\qquad \mu_k = \int_0^{\infty} u^k e^{-u/2} d\alpha(u) \qquad\qquad (k \in \mathbb{P})$

<u>mit einer Funktion</u> $\alpha \in$ BV[$0,\infty$) <u>dann und nur dann, wenn</u>

(4.5) $\qquad |\sum_{k=0}^{n} \beta_k \mu_k| \leq M \|\sum_{k=0}^{n} \beta_k u^k e^{-u/2}\|_{C_0}$

<u>für jede Wahl von</u> $\beta_k \in \mathbb{R}$, $0 \leq k \leq n$, $n \in \mathbb{P}$, <u>gilt</u>.

(b) (L^q[$0,\infty$)-Fall; $1 < q < \infty$)

<u>Es gilt</u>

(4.6) $\qquad \mu_k = \int_0^{\infty} u^k e^{-u/2} g(u) du \qquad\qquad (k \in \mathbb{P})$

<u>mit einer Funktion</u> $g \in L^q$[$0,\infty$) <u>dann und nur dann, wenn</u>

(4.7) $\qquad |\sum_{k=0}^{n} \beta_k \mu_k| \leq M \|\sum_{k=0}^{n} \beta_k u^k e^{-u/2}\|_p$

<u>für jede Wahl von</u> $\beta_k \in \mathbb{R}$, $0 \leq k \leq n$, $n \in \mathbb{P}$, <u>gilt</u>.

(c) (L^{∞}[$0,\infty$)-Fall)

<u>Es gilt</u>

(4.8) $\qquad \mu_k = \int_0^{\infty} u^k e^{-u/2} g(u) du \qquad\qquad (k \in \mathbb{P})$

<u>mit einer Funktion</u> $g \in L^{\infty}$[$0,\infty$) <u>dann und nur dann, wenn</u>

(4.9) $\quad |\sum_{k=0}^{n} \beta_k \mu_k| \leq M \|\sum_{k=0}^{n} \beta_k u^k e^{-u/2}\|_1$

<u>für</u> <u>jede</u> <u>Wahl</u> <u>von</u> $\beta_k \in \mathbb{R}$, $0 \leq k \leq n$, $n \in \mathbb{P}$, <u>gilt</u>.

Zu analogen Aussagen gelangt man, wenn man statt des Intervalls $[0,\infty)$ die ganze reelle Achse $(-\infty,\infty)$ betrachtet. Dies führt zu

<u>Satz 5</u>. <u>Sei</u> $\{\mu_k\}_{k=0}^{\infty}$ <u>eine</u> <u>Folge</u> <u>reeller</u> <u>Zahlen</u>

(a) $(BV(-\infty,\infty)$-Fall)

<u>Es gilt</u>

(4.10) $\quad \mu_k = \int_{-\infty}^{\infty} u^k e^{-u^2/2} d\alpha(u) \qquad (k \in \mathbb{P})$

<u>mit</u> <u>einer</u> <u>Funktion</u> $\alpha \in BV(-\infty,\infty)$ <u>dann</u> <u>und</u> <u>nur</u> <u>dann</u>, <u>wenn</u>

(4.11) $\quad |\sum_{k=0}^{n} \beta_k \mu_k| \leq M \|\sum_{k=0}^{n} \beta_k u^k e^{-u^2/2}\|_{C_o}$

<u>für</u> <u>jede</u> <u>Wahl</u> $\beta_k \in \mathbb{R}$, $0 \leq k \leq n$, $n \in \mathbb{P}$, <u>gilt</u>.

Entsprechend übertragen sich die Aussagen (b) und (c) aus Satz 4.

<u>Beweis</u>. Gezeigt wird nur die Äquivalenz von (4.8) und (4.9). Alle übrigen Aussagen der Sätze 4 und 5 lassen sich analog zeigen. Aus (4.8) folgt sofort

$$|\sum_{k=0}^{n} \beta_k \mu_k| \leq \|\sum_{k=0}^{n} \beta_k u^k e^{-u/2}\|_1 \|g\|_\infty,$$

d.h. (4.9). Gilt andererseits (4.9), so folgt nach Lemma 1 die Existenz eines linearen Funktionals F, welches beschränkt auf $L^1[0,\infty)$ ist und daher nach dem Riesz-Satz die Darstellung

$$F(f) = \int_0^\infty f(u)g(u)du \qquad (f \in L^1[0,\infty))$$

mit einer Funktion $g \in L^\infty[0,\infty)$ hat. Setzt man speziell $f(u)=u^k e^{-u/2}$, $k \in \mathbb{P}$, so folgt zusammen mit (3.8) Aussage (4.8).

Offen bleibt in den Sätzen 4 und 5 die Charakterisierung der jeweiligen modifizierten Momentenprobleme durch $\mathcal{O}$-Bedingungen vom Typ (3.2). Will man zu solchen Bedingungen kommen, ist es sinnvoll, daß das Stieltjes- bzw. Hamburger-Momentenproblem weiter abgewandelt wird, indem man die gewichteten Potenzfunktionen $u^k e^{-u/2}$ bzw. $u^k e^{-u^2/2}$ durch eine geeignete Linearkombination derselben ersetzt, im ersteren Fall durch die k-te Laguerre-Funktion

$$l_k(u) = \left\{ \sum_{\nu=0}^{k} \binom{k}{\nu} (-1)^\nu \frac{u^\nu}{\nu!} \right\} e^{-u/2},$$

im zweiten Fall durch die k-te Hermite-Funktion

$$h_k(u) = \left\{ \sum_{\nu=0}^{[k/2]} \frac{k!}{\nu! 2^\nu} (-1)^\nu \frac{u^{k-2\nu}}{(k-2\nu)!} \right\} e^{-u^2/2}.$$

Damit erhält man eigentlich Aussagen über die Darstellbarkeit von Folgen reeller Zahlen als Laguerre- bzw. Hermite-Koeffizienten. Dies legt es nahe, die Darstellbarkeit von Folgen als Koeffizienten einer allgemeinen Orthogonalentwicklung bzgl. eines orthonormierten Systems $\{\phi_k\}_{k \in \mathbb{P}}$ zu untersuchen, was im nächsten Abschnitt geschehen soll.

5. Darstellbarkeit von Folgen als Koeffizienten einer Orthogonalentwicklung

Im folgenden sei I ein (endliches oder unendliches) Intervall der reellen Achse.

Definition 1. <u>Sei</u> $\{\phi_k(u)\}_{k \in \mathbb{P}}$ <u>eine Folge von orthonormierten Funktionen, definiert auf dem Intervall I, d.h.</u>

(5.1) $\qquad \int_I \phi_k(u) \phi_j(u) du = \delta_{kj} \qquad (k, j \in \mathbb{P}).$

<u>Die Glieder einer Folge</u> $\{\mu_k\}_{k=0}^{\infty}$ <u>heißen Koeffizienten der Orthogonalentwicklung bzgl. des (orthonormierten) Systems</u> $\{\phi_k\}_{k \in \mathbb{P}}$, <u>kurz Fourierkoeffizienten</u>,

(a) <u>von</u> $\alpha \in BV(I)$, <u>falls</u>

(5.2) $\mu_k = \int_I \phi_k(u) d\alpha(u)$ $(k \in \mathbb{P})$,

(b) <u>von</u> $g \in L^q(I)$, $1 \leq q \leq \infty$, <u>falls</u>

(5.3) $\mu_k = \int_I \phi_k(u) g(u) du$ $(k \in \mathbb{P})$.

Weiterhin benötigen wir

<u>Definition 2. Für ein orthonormiertes System</u> $\{\phi_k\}_{k \in \mathbb{P}}$ <u>über dem Intervall</u> I <u>ist der Kern</u> $K_\phi(x,u,r)$ <u>dieses Systems gegeben durch</u>

(5.4) $K_\phi(x,u,r) = \sum_{k=0}^{\infty} r^k \phi_k(x) \phi_k(u)$

für $x, u \in I$, $0 \leq r < 1$.

<u>Weiter setzen wir für eine Folge</u> $\{\mu_k\}$ <u>reeller Zahlen</u>

(5.5) $\sigma_\phi(x,r) = \sum_{k=0}^{\infty} r^k \mu_k \phi_k(x)$ $(x \in I, 0 \leq r < 1)$,

<u>falls diese Reihe konvergiert.</u>

Der Funktion $\sigma_\phi(x,r)$ kommt im weiteren Verlauf eine große Bedeutung zu als Testfunktion. Dies drückt sich bereits im nachfolgenden Ergebnis aus. Dominguez-González [10] beweist in seiner Arbeit Sätze über die Darstellbarkeit von Folgen reeller Zahlen als Fourierkoeffizienten bzgl. des Hermite-Systems (vgl. auch [9,11]). Dies gab uns den Anstoß, unter Benutzung einer Arbeit von Orlicz [30] (siehe auch [23]) zu untersuchen, ob das Dominguez González-Ergebnis auf möglichst allgemeine Orthonormalsysteme übertragbar ist. Dies geschieht in Satz 6. Eine andere Möglichkeit der Verallgemeinerung der Ergebnisse von [10] wird in Bemerkung 3 erwähnt.

<u>Satz 6 (a) (BV(I)-Fall). Sei</u> $\{\phi_k\}_{k \in \mathbb{P}}$ <u>ein orthonormiertes System von Funktionen, definiert auf dem Intervall</u> $I \subset \mathbb{R}$, <u>für die gelten möge</u>

(5.6) $\phi_k \in C_o(I) \cap L^1(I)$,

(5.7) $\|\phi_k\|_{C_o} = \tilde{O}(k^{\nu_1})$

<u>für ein beliebiges, festes</u> $\nu_1 \in \mathbb{R}$,

(5.8) $\int_I |K_\phi(x,u,r)| dx = \tilde{O}(1)$

<u>für</u> $u \in I$ <u>und</u> $0 \leq r < 1$.

<u>Ferner sei</u> $\{\mu_k\}_{k=0}^\infty$ <u>eine Folge reeller Zahlen, welche für ein beliebiges, festes</u> $\nu_2 \in \mathbb{R}$

(5.9) $\mu_k = \tilde{O}(k^{\nu_2})$

<u>erfüllen möge.</u>

<u>Dann sind folgende drei Aussagen äquivalent:</u>

(5.10) Es existiert ein $\alpha \in BV(I)$ mit
$\mu_k = \int_I \phi_k(u) d\alpha(u)$ $(k \in \mathbb{P})$;

(5.11) $\int_I |\sigma_\phi(x,r)| dx = \tilde{O}(1)$ $(0 \leq r < 1)$;

(5.12) $|\sum_{k=0}^n \beta_k \mu_k| \leq M \|\sum_{k=0}^n \beta_k \phi_k\|_{C_o}$

<u>für jede Wahl von</u> $\beta_k \in \mathbb{R}$, $0 \leq k \leq n$, $n \in \mathbb{P}$.

<u>Beweis.</u> Wir zeigen die Äquivalenzen: (5.10) $\iff$ (5.11) sowie (5.10) $\iff$ (5.12). Aus (5.10) folgt

$|\sum_{k=0}^n \beta_k \mu_k| = |\int_I \sum_{k=0}^n \beta_k \phi_k(u) d\alpha(u)| \leq [\text{Var } \alpha]_I \|\sum_{k=0}^n \beta_k \phi_k\|_{C_o}$,

d.h. es gilt (5.12). Umgekehrt folgt aus (5.12) gemäß Lemma 1 die Existenz eines linearen Funktionals F auf $C_o(I)$, welches beschränkt ist und nach dem Riesz-Darstellungssatz die Gestalt

$$F(f) = \int_I f(u)d\alpha(u) \qquad (f \in C(I))$$

mit einem $\alpha \in BV(I)$ hat. Die spezielle Wahl $f(u)=\phi_k(u)$, $k \in \mathbb{P}$, führt über (3.7) zur Darstellung (5.10). Nun gelte (5.11). Dann sei $F(x,r)$ definiert durch

(5.13) $\qquad F(x,r) = \int_a^x \sigma_\phi(u,r)du \qquad (0 \leqslant r<1, x \in I).$

Aus (5.13) folgt mit (5.11) für $0 \leqslant r<1$

$$[\text{Var } F(\circ,r)]_I \equiv \int_I |dF(x,r)| = \int_I |\sigma(x,r)|dx = \mathcal{O}(1).$$

Nach dem Satz von Helly-Bray existiert daher eine Folge $\{r_j\}$, $0 \leqslant r_j < 1$, mit $\lim_{j \to \infty} r_j = 1$ und ein $\alpha \in BV(I)$, so daß

$$\lim_{j \to \infty} \int_I f(u)dF(u,r_j) = \int_I f(u)d\alpha(u)$$

für alle $f \in C(I) \cap L^1(I)$. Nach (5.6) kann man insbesondere $f(u)=\phi_m(u)$, $m \in \mathbb{P}$, $u \in I$, setzen und erhält dann für ein beliebiges, festes $m \in \mathbb{P}$

(5.14) $\qquad \lim_{j \to \infty} \int_I \phi_m(u)dF(u,r_j) = \int_I \phi_m(u)d\alpha(u).$

Für die linke Seite von (5.14) gilt aber

$$\lim_{j \to \infty} \int_I \phi_m(u)dF(u,r_j) = \lim_{j \to \infty} \int_I \phi_m(u)\sigma_\phi(u,r_j)du$$

$$= \lim_{j \to \infty} \sum_{k=0}^\infty r_j^k \mu_k \int_I \phi_m(u)\phi_k(u)du = \lim_{j \to \infty} \sum_{k=0}^\infty r_j^k \mu_k \delta_{km} = \mu_m.$$

Die Vertauschung von Summe und Integral ist möglich, da wegen (5.7) und (5.9)

$$\sum_{k=0}^\infty r_j^k |\mu_k| \int_I |\phi_m(u)||\phi_k(u)|du = \mathcal{O}(\sum_{k=0}^\infty r_j^k k^{\nu_1} k^{\nu_2}) = \mathcal{O}(1)$$

gilt, und somit der Satz von Beppo Levi anwendbar ist. Damit folgt aus (5.14) die Aussage (5.10).

Gilt andererseits (5.10), so folgt

$$\sigma_\phi(x,r) = \sum_{k=0}^\infty r^k \mu_k \phi_k(x) = \sum_{k=0}^\infty r^k \phi_k(x) \int_I \phi_k(u) d\alpha(u)$$

$$= \int_I \{\sum_{k=0}^\infty r^k \phi_k(x) \phi_k(u)\} d\alpha(u) = \int_I K_\phi(x,u,r) d\alpha(u)$$

wiederum unter Anwendung des Satzes von Beppo Levi und

$$\int_I |\sigma_\phi(r,x)| dx \leq \int_I dx \int_I |K_\phi(x,u,r)| |d\alpha(u)|$$

$$= \int_I |d\alpha(u)| \int_I |K_\phi(x,u,r)| dx = \mathcal{O}(1) \qquad (0 \leq r < 1),$$

mit dem Satz von Fubini und Eigenschaft (5.8). Damit gilt aber (5.11).

Nun wenden wir uns den Charakterisierungen über Orthogonalentwicklungen von Funktionen $g \in L^q(I)$, $1 \leq q \leq \infty$, zu.

<u>Satz 6 (b)</u> ($L^q(I)$-Fall; $1<q<\infty$). <u>Sei</u> $\{\phi_k\}_{k \in \mathbb{P}}$ <u>ein orthonormiertes System von Funktionen, definiert auf dem Intervall</u> $I \subset \mathbb{R}$, <u>für das (5.7) und (5.8) gelten möge. Ferner seien für ein festes</u> $1<q<\infty$ <u>die folgenden Bedingungen erfüllt</u>, $1/p+1/q=1$:

(5.15) $\qquad \phi_k \in L^p(I) \cap L^1(I) \qquad\qquad (k \in \mathbb{P})$,

(5.16) $\qquad \|\phi_k\|_q = \mathcal{O}(k^{\nu_3})$

<u>für ein beliebiges, festes</u> $\nu_3 \in \mathbb{R}$. <u>Ist</u> $\{\mu_k\}_{k=0}^\infty$ <u>eine Folge reeller Zahlen, die (5.9) erfüllt, so sind folgende drei Aussagen äquivalent</u>:

(5.17) $\qquad$ <u>Es existiert ein</u> $g \in L^q(I)$ <u>mit</u>

$\qquad\qquad \mu_k = \int_I \phi_k(u) g(u) du \qquad\qquad (k \in \mathbb{P})$;

(5.18) $\qquad \int_I |\sigma_\phi(x,r)|^q dx = \mathcal{O}(1) \qquad\qquad (0 \leq r < 1)$;

(5.19) $|\sum_{k=0}^{n} \beta_k \mu_k| \leq M \|\sum_{k=0}^{n} \beta_k \phi_k(u)\|_p$

<u>wobei</u> $\beta_k \in \mathbb{R}$, $0 \leq k \leq n$, $n \in \mathbb{P}$ <u>ist</u>.

<u>Beweis</u>. Wir führen diesmal den Beweis mit dem Ringschluß:
(5.19) $\Longrightarrow$ (5.17) $\Longrightarrow$ (5.18) $\Longrightarrow$ (5.19).

Es gelte also (5.19). Dann wird durch

$$F(\phi_k) = \mu_k; \quad F(\sum_{k=0}^{n} \alpha_k \phi_k) = \sum_{k=0}^{n} \alpha_k \mu_k$$

ein beschränktes lineares Funktional auf span$\{\phi_k\}$ definiert, welches fortsetzbar ist zu einem beschränkten linearen Funktional auf ganz $L^p(I)$, wiederum mit F bezeichnet, so daß

$$F(f) = \int_I f(u)g(u)du \qquad (f \in L^p(I))$$

mit einer Funktion $g \in L^q(I)$ gilt, woraus für die spezielle Wahl $f(u)=\phi_k(u)$, $k \in \mathbb{P}$, sofort (5.17) folgt. Weiterhin erhält man aus (5.17) mit dem Satz von Beppo Levi

$$\sigma_\phi(x,r) = \sum_{k=0}^{\infty} r^k \mu_k \phi_k(x) = \sum_{k=0}^{\infty} r^k \int_I \phi_k(u)g(u)du\, \phi_k(x)$$

$$= \int_I \sum_{k=0}^{\infty} r^k \phi_k(x)\phi_k(u)g(u)du = \int_I K_\phi(x,u,r)g(u)du.$$

Daraus folgt nach der Hölder-Ungleichung, $1/p+1/q=1$,

$$|\sigma_\phi(x,r)| \leq [\int_I |K_\phi(x,u,r)||g(u)|^q du]^{1/q} [\int_I |K_\phi(x,u,r)|du]^{1/p}.$$

Dies liefert

$$\int_I |\sigma_\phi(x,r)|^q dx$$

$$\leq \int_I dx\{[\int_I |K_\phi(x,u,r)||g(u)|^q du][\int_I |K_\phi(x,u,r)|du]^{q/p}\}$$

und mit (5.8)

$$\int_I |\sigma_\phi(x,r)|^q dx = \mathcal{O}(\int_I dx \int_I |K_\phi(x,u,r)| \, |g(u)|^q du).$$

Die Integrationsordnung im Doppelintegral der rechten Seite der obigen Gleichung ist aber nach dem Satz von Fubini vertauschbar, so daß gilt

$$\int_I |\sigma_\phi(x,r)|^q dx = \mathcal{O}(\int_I |g(u)|^q du \int_I |K_\phi(x,u,r)| dx)$$

$$= \mathcal{O}(\int_I |g(u)|^q du) = O(1),$$

wenn man nochmals (5.8) anwendet. Dies liefert (5.18). Setzt man schließlich (5.18) voraus, so folgt nach dem schwach*-Kompaktheitssatz die Existenz einer Folge $\{\sigma_\phi(x,r_j)\}_{j=0}^\infty$ und eines $g \in L^q(I)$, so daß für alle $f \in L^p(I)$ gilt

$$\lim_{j \to \infty} \int_I \sigma_\phi(x,r_j) f(x) dx = \int_I f(x) g(x) dx.$$

Nach (5.15) darf speziell

$$f(x) = \sum_{k=0}^n \beta_k \phi_k(x) \qquad (x \in I)$$

mit beliebigen $\beta_k \in \mathbb{R}$, $0 \leqslant k \leqslant n$, $n \in \mathbb{P}$ gewählt werden. Dann gilt

$$\lim_{j \to \infty} \int_I \sigma_\phi(x,r_j) \sum_{k=0}^n \beta_k \phi_k(x) dx = \int_I \sum_{k=0}^n \beta_k \phi_k(x) g(x) dx.$$

Mit den gleichen Beweisargumenten, mit denen in Satz 7(a) aus (5.11) die Aussage (5.10) bewiesen wird, erhält man für die letzte Gleichung

$$\sum_{k=0}^n \beta_k \mu_k = \int_I \sum_{k=0}^n \beta_k \phi_k(x) g(x) dx,$$

so daß mit der Hölder-Ungleichung (5.19) folgt.
Analog beweist man

Satz 6 (c) ($L^\infty(I)$-Fall). Sei $\{\phi_k\}_{k \in \mathbb{P}}$ ein orthonormiertes System von Funktionen auf $I \subset \mathbb{R}$, für die (5.7) und (5.8) gelten möge. Gilt weiter

(5.20) $\phi_k \in L^1(I)$ $(k \in \mathbb{P})$,

(5.21) $\|\phi_k\|_1 = \mathcal{O}(k^{\nu_4})$

für ein beliebiges, festes $\nu_4 \in \mathbb{R}$, so sind folgende drei Aussagen äquivalent für jede Folge reeller Zahlen, die (5.9) erfüllt:

(5.22)   Es existiert ein $g \in L^\infty(I)$ mit

$$\mu_k = \int_I \phi_k(u) g(u) du \qquad (k \in \mathbb{P});$$

(5.23) $\sigma_\phi(x,r) = \mathcal{O}(1)$ $(0 < r < 1, x \in I)$;

(5.24) $|\sum_{k=0}^n \beta_k \mu_k| \leq M \|\sum_{k=0}^n \beta_k \phi_k\|_1$

für jede Wahl von $\beta_k \in \mathbb{R}$, $0 \leq k \leq n$, $n \in \mathbb{P}$.

Der Vollständigkeit halber untersuchen wir nun noch den Fall $L^1(I)$, indem wir das Ergebnis von [10] auf allgemeine orthonormierte Systeme übertragen.

<u>Satz 6 (d)</u> ($L^1(I)$-Fall). <u>Es sei</u> $\{\phi_k\}_{k \in \mathbb{P}}$ <u>ein orthonormiertes System von Funktionen definiert auf</u> $I \subset \mathbb{R}$, <u>für das</u> (5.7) <u>und</u> (5.8) <u>gelten möge. Ferner sei</u>

(5.25) $\phi_k \in L^1(I)$, $\|\phi_k\|_1 = \mathcal{O}(k^{\nu_5})$ $(k \in \mathbb{P})$

mit einem beliebigen, festen $\nu_5 \in \mathbb{R}$. Außerdem erfülle der Kern $K_\phi(x,u,r)$ für jedes $f \in L^1(I)$

(5.26) $\lim_{r \to 1-} \int_I |f(x) - \int_I K_\phi(x,u,r) f(u) du| dx = 0$.

Ist dann $\{\mu_k\}_{k=0}^\infty$ eine Folge reeller Zahlen, die (5.9) erfüllt, so sind folgende beiden Aussagen äquivalent:

(5.27) $\mu_k = \int_I \phi_k(u) g(u) du$ $(k \in \mathbb{P})$

<u>für ein</u> $g \in L^1(I)$;

(5.28) $$\lim_{r,\rho \to 1-} \int_I |\sigma_\phi(x,r) - \sigma_\phi(x,\rho)|dx = 0.$$

<u>Beweis</u>. Es gelte (5.27). Wie in den Beweisen zu Satz 6(a), (b), (c) gilt dann

$$\sigma_\phi(x,r) = \int_I K_\phi(x,u,r)g(u)du.$$

Wegen (5.26) folgt damit

$$\lim_{r \to 1-} \int_I |g(x) - \sigma_\phi(x,r)|dx = 0$$

und daher auch sofort (5.28). Gilt umgekehrt (5.28), so folgt aus der Vollständigkeit von $L^1(I)$ unter der Norm $\|\circ\|_1$ die Existenz eines $g \in L^1(I)$ mit

$$\lim_{r \to 1-} \int_I |\sigma_\phi(x,r) - g(x)|dx = 0.$$

Daher gilt insbesondere für jede Folge $\{r_j\}_{j=0}^\infty \subset [0,1)$ mit $\lim_{j \to \infty} r_j = 1$

$$\lim_{j \to \infty} \int_I |\sigma_\phi(x,r_j) - g(x)|dx = 0.$$

Aus der Konvergenz in der $L^1(I)$-Norm folgt aber die schwach*-Konvergenz, d.h.

$$\lim_{j \to \infty} \int_I \sigma_\phi(x,r_j)f(x)dx = \int_I g(x)f(x)dx$$

für alle $f \in L^\infty(I)$. Setzt man insbesondere $f(x)=\phi_k(x)$, $k \in \mathbb{P}$, so folgt

$$\lim_{j \to \infty} \int_I \sigma_\phi(x,r_j)\phi_k(x)dx = \int_I \phi_k(x)g(x)dx$$

und mit bereits bekannten Argumenten

$$\mu_k = \int_I \phi_k(x)g(x)dx \qquad (k \in \mathbb{P}),$$

d.h. (5.24) gilt.

Bemerkung 2. Im Gegensatz zu den Sätzen 6 (a), (b), (c) enthält Satz 6 (d) nur zwei Äquivalenzen. Die dritte, funktionalanalytische Bedingung kann hier nicht formuliert werden, da diese darauf beruht, daß auf dem dualen Raum, hier $L^\infty(I)$, der Riesz-Darstellungssatz gilt. Dies ist aber, wie in § 2 bereits erwähnt, nicht der Fall.

6. Anwendungen auf Laguerre-, Hermite- und Legendre-Entwicklungen

In diesem Abschnitt sollen nun die allgemeinen Sätze von § 5 auf spezielle orthonormierte Systeme angewendet werden.

6.1 Modifiziertes Laguerre-Momentenproblem

Zunächst wenden wir uns dem System der Laguerre-Funktionen $\{l_k(x)\}_{k \in \mathbb{P}}$ zu, definiert auf $[0,\infty)$ durch

(6.1) $\quad l_k(x) = L_k(x) e^{-x/2} \qquad (k \in \mathbb{P}, x \in [0,\infty))$,

wobei

$$L_k(x) = \sum_{\nu=0}^{k} \binom{k}{\nu}(-1)^\nu \frac{x^\nu}{\nu!}$$

wie üblich das k-te Laguerre-Polynom bezeichnet. Das System $\{l_k(x)\}_{k \in \mathbb{P}}$ ist bekanntlich orthonormiert über $[0,\infty)$ (vgl. etwa [32, S. 301 ff]), d.h. es gilt

(6.2) $\quad \int_0^\infty l_k(x) l_j(u) du = \delta_{kj} \qquad (k,j \in \mathbb{P})$.

Damit erhalten wir für den Laguerre-Kern $K_1(x,u,r)$ aus (5.3)

(6.3) $\quad K_1(x,u,r) = \sum_{k=0}^\infty r^k l_k(x) l_k(u) \qquad (x,u \in [0,\infty), 0 \leq r < 1)$

und für die Testgröße

(6.4) $\quad \sigma_1(x,r) = \sum_{k=0}^\infty r^k \mu_k l_k(x) \qquad (x \in [0,\infty), 0 \leq r < 1)$, wobei $\{\mu_k\}$ eine Folge reeller Zahlen ist. Den Kern $K_1(x,u,r)$ kann man mit Hilfe der Besselfunktion $J_0(z)$, gegeben durch

(6.5) $\quad J_0(z) = \sum_{k=0}^{\infty} \frac{(-1)^k}{(k!)^2} \left(\frac{z}{2}\right)^{2k}$ $\qquad (z \in \mathbb{C})$,

umschreiben:

Lemma 2. **Es gilt**

(6.6) $\quad K_1(x,u,r) = \frac{1}{1-r} \exp\{-\frac{1}{2}(x+u)\frac{1+r}{1-r}\} J_0\left(\frac{2\sqrt{-xur}}{1-r}\right)$.

Der Laguerre-Kern ist positiv und

(6.7) $\quad \int_0^{\infty} K_1(x,u,r)dx = \frac{2}{1+r} \exp\{-\frac{u}{2}\frac{1-r}{1+r}\} \leq 2$ $\qquad (0 \leq r < 1, u \in [0,\infty))$.

Für den Beweis vgl. etwa [39, S. 169].

Den Kern selbst schätzen wir nach oben ab mit Hilfe einer Ungleichung für $J_\nu(z)$, $\nu \in \mathbb{P}$, $z \in \mathbb{C}$ (vgl. [1, S. 362 (9.1.62)]):

(6.8) $\quad |J_\nu(z)| \leq \frac{|(1/2)z|^\nu \exp\{|\operatorname{Im} z|\}}{\Gamma(\nu+1)}$

Insbesondere folgt dann aus (6.6) und (6.8) mit $\nu=0$

(6.9) $\quad K_1(x,u,r) \leq \frac{1}{1-r} \exp\{-\frac{1}{2}(x+u)\frac{1+r}{1-r}\} \exp\{\frac{2\sqrt{xur}}{1-r}\}$.

Weiter gilt

Lemma 3.

(6.10) $\quad \|l_k\|_{C_0} \leq 1$ $\qquad (k \in \mathbb{P})$,

(6.11) $\quad \|l_k\|_q = \mathcal{O}(k^{3/2q})$ $\qquad (1 \leq q < \infty)$.

Beweis. (6.10) folgt direkt nach [39, S. 168]. Bezüglich (6.11) gilt nach (6.3)

$$K_1(u,u,r) = \sum_{k=0}^{\infty} r^k l_k^2(u) \geq r^n l_n^2(u)$$

für ein beliebiges, festes $n \in \mathbb{N}$ und jedes $u \in [0,\infty)$. Aus (6.9) folgt dann

$$K_1(u,u,r) \leq \frac{1}{1-r} \exp\{-u \frac{1+r}{1-r}\} \exp\{\frac{2u\sqrt{r}}{1-r}\}$$

$$= \frac{1}{1-r} \exp\{-u \frac{1-\sqrt{r}}{1+\sqrt{r}}\}$$

und daher

$$r^n l_n^2(u) \leq K_1(u,u,r) \leq \frac{1}{1-r} \exp\{-u \frac{1-\sqrt{r}}{1+\sqrt{r}}\}$$

für jedes $0<r<1$ und $n \in \mathbb{N}$. Für $0<r<1$ erhält man daraus

$$|l_n(u)| \leq \frac{1}{r^{n/2}} \frac{1}{(1-r)^{1/2}} \exp\{-\frac{u}{2} \frac{1-\sqrt{r}}{1+\sqrt{r}}\}$$

und weiter

$$\int_0^{\infty} |l_n(u)| du \leq \frac{1}{(\sqrt{r})^n} \frac{1}{(1-r)^{1/2}} \frac{2(1+\sqrt{r})}{1-\sqrt{r}} \int_0^{\infty} e^{-u} du$$

$$\leq \frac{2\sqrt{2}}{(\sqrt{r})^n (1-\sqrt{r})^{3/2}} .$$

Wählt man nun speziell $r=(1-1/n)^2$, $n=2,3,4,\ldots$, so gilt

$$\int_0^{\infty} |l_n(u)| du \leq \frac{2\sqrt{2}}{(1-\frac{1}{n})^n} n^{3/2} = \mathcal{O}(n^{3/2}) \qquad (n \to \infty).$$

Dies ist die Behauptung für $q=1$. Ist $1<q<\infty$, so existiert ein $\delta>0$, so daß $1+\delta=q$ und mit (6.10) und (6.11) für $q=1$ folgt sofort:

$$\|l_k\|_q = \{\int_0^{\infty} |l_k(u)|^{1+\delta} du\}^{1/q} \leq \{\int_0^{\infty} |l_k(u)| du\}^{1/q} = \mathcal{O}(k^{3/2q}).$$

Damit sind wir in der Lage, die Darstellungssätze 6 (a), (b), (c) für das System der Laguerre-Funktionen zu formulieren. Dazu muß noch getestet werden, ob im Falle des Laguerre-Systems die

Bedingungen (5.6), (5.7), (5.8), (5.15), (5.16), (5.20) und
(5.21) erfüllt sind. Das Intervall I ist im vorliegenden Fall
als $I=[0,\infty)$ zu wählen. Nun folgt aber die Bedingung (5.6) aus
Definition 4, (5.7) ist bewiesen durch (6.10) für $\nu_1=0$, (5.8)
durch (6.7), (5.15) folgt aus (6.12) und Definition 4, (5.16)
ist bewiesen durch (6.12) für $\nu_3=3/(2q)$, (5.20) durch (6.12)
für $q=1$ und (5.21) folgt schließlich aus (6.12) mit $q=1$ für
$\nu_4=3/2$.

Exemplarisch ergibt sich daher als Anwendung des Satzes 6 (b)

<u>Satz 7 (b)</u> ($L^q[0,\infty)$-Fall; $1<q<\infty$). <u>Es sei</u> $\{\mu_k\}_{k=0}^{\infty}$ <u>eine Folge
reeller Zahlen, welche die Bedingung</u> $\mu_k=\mathcal{O}(k^{3/2q})$ <u>erfüllt. Dann
sind folgende drei Aussagen äquivalent für</u> $1/p+1/q=1$:

(i) $\quad \mu_k = \int_0^\infty l_k(u)g(u)du \qquad (k\in\mathbb{P})$

<u>mit einer Funktion</u> $g\in L^q[0,\infty)$;

(ii) $\quad \int_0^\infty |\sigma_1(x,r)|^q dx = \mathcal{O}(1) \qquad (0<r<1)$;

(iii) $\quad |\sum_{k=0}^n \beta_k \mu_k| \leq M \|\sum_{k=0}^n \beta_k l_k(\circ)\|_p$,

<u>für jede Wahl von</u> $\beta_k \in \mathbb{R}$, $0\leq k\leq n$, $n\in\mathbb{P}$.

Die Formulierungen der Anwendungen von den Sätzen 6 (a) und
6 (c) auf den Laguerre-Fall sind dem Leser überlassen. Für die
Äquivalenz von (i) und (ii) siehe auch [23, S. 215] und [5].
Mit Hilfe des Satzes 6 (d) kann auch ein Satz 7 (d) formuliert
werden. Die Bedingung (5.26) folgt hier aus wohlbekannten Ergebnissen über die Konvergenz von singulären Integralen in der
L^1-Norm (vgl. [9,11], [5]; für ein verwandtes Ergebnis siehe
auch [28]).

6.2 Modifiziertes Hermite-Momentenproblem

Als nächstes Beispiel betrachten wir das orthonormierte
System der Hermite-Funktionen $\{h_k(x)\}_{k\in\mathbb{P}}$, definiert auf $(-\infty,\infty)$
durch

(6.12) $$h_k(x) = \frac{1}{(\sqrt{\pi}\, 2^k k!)^{1/2}} H_k(x) e^{-x^2/2} \qquad (k \in \mathbb{P}),$$

wobei das k-te Hermite-Polynom $H_k(x)$ für $k \in \mathbb{P}$ definiert ist durch (vgl. [32, S. 308])

$$H_k(x) = (-1)^k e^{x^2} (\frac{d}{dx})^k e^{-x^2} \qquad (x \in (-\infty, \infty)).$$

Der Hermite-Kern $K_h(x,u,r)$, für $x, u \in (-\infty, \infty)$, $0 \leq r < 1$, definiert durch

(6.13) $$K_h(x,u,r) = \sum_{k=0}^{\infty} r^k h_k(x) h_k(u),$$

hat hier die Darstellung (vgl. [38], [22, S. 572])

(6.14) $$K_h(x,u,r) = \frac{1}{(\pi(1-r^2))^{1/2}} \exp\{\frac{4xur - (x^2+u^2)(1+r^2)}{2(1-r^2)}\}.$$

Aus (6.14) ist sofort ersichtlich, daß der Kern für beliebige $x, u \in (-\infty, \infty)$ und $0 \leq r < 1$ nichtnegativ ist. In o.a. Arbeiten ist auch die wichtige Beziehung

(6.15) $$\int_{-\infty}^{\infty} K_h(x,u,r) dx = \sqrt{\frac{2}{1+r^2}} \exp\{-\frac{u^2}{2} \frac{1-r^2}{1+r^2}\}$$

zu finden, aus welcher sofort

(6.16) $$\int_{-\infty}^{\infty} K_h(x,u,r) dx \leq \sqrt{2} \qquad (u \in (-\infty, \infty),\ 0 \leq r < 1)$$

abgelesen werden kann.

<u>Lemma 4.</u>

(6.17) $\quad h_k(x) = \mathcal{O}(k^{-1/4}) \qquad (k \in \mathbb{P}, x \in (-\infty, \infty)$ beliebig fest);

(6.18) $\quad \|h_k\|_{C_0} = \mathcal{O}(k^{-1/12}) \qquad (k \in \mathbb{P});$

(6.19) $\quad \|h_k\|_q = \mathcal{O}(k^{(4-q)/(12q)}) \qquad (k \in \mathbb{P})$

<u>für ein beliebiges, festes</u> $1 \leq q < \infty$.

<u>Beweis</u>. Für (6.17) und (6.18) siehe Hille [21] und Szegö [36].
Da (6.19) in Hille-Phillips [22, S. 572] für q=1 bewiesen ist,
betrachten wir hier nur den Fall $1<q<\infty$. Mit $\delta=q-1>0$ erhält
man mit (6.18) und (6.19) für q=1 die Aussage (6.19) für $1<q<\infty$:

$$\|h_k\|_q = \{\int_{-\infty}^{\infty} |h_k(u)|^{1+\delta} du\}^{1/q}$$

$$\leq \{\max_{u \in (-\infty,\infty)} |h_k(u)|\}^{\delta/q} \{\int_{-\infty}^{\infty} |h_k(u)| du\}^{1/q}$$

$$= \mathcal{O}(k^{-1/12(1-1/q)} k^{1/4q}) = \mathcal{O}(k^{(4-q)/(12q)}).$$

Wählt man $I=(-\infty,\infty)$ und wendet Satz 6 (c) auf das System der
Hermite-Funktionen an, so ist die Bedingung (5.6) bewiesen durch
(6.18) und (6.19) mit q=1, (5.7) durch (6.18) für $\nu_1=-1/12$, (5.8)
durch (6.16), (5.15) durch (6.19), (5.16) ebenfalls durch (6.19)
mit $\nu_3=(4-q)/(12q)$, (5.20) folgt aus (6.19) für q=1 und schließlich ergibt sich daraus $\nu_4=1/4$ für (5.21). Dies ergibt daher
exemplarisch

<u>Satz 8 (c)</u> ($L^\infty(-\infty,\infty)$-Fall). <u>Es sei</u> $\{\mu_k\}_{k=0}^{\infty}$ <u>eine Folge reeller
Zahlen, welche</u> $\mu_k=\mathcal{O}(k^{1/4})$ <u>erfüllt. Dann sind folgende drei Aussagen äquivalent</u>:

(i) $\quad \mu_k = \int_{-\infty}^{\infty} h_k(u)g(u)du \quad\quad\quad\quad (k \in \mathbb{P})$

<u>mit einer Funktion</u> $g \in L^\infty(-\infty,\infty)$;

(ii) $\quad \sigma_h(x,r) = \sum_{k=0}^{\infty} r^k \mu_k h_k(x) = \mathcal{O}(1) \quad (x \in (-\infty,\infty), 0 \leq r < 1)$,

(iii) $\quad |\sum_{k=0}^{n} \beta_k \mu_k| \leq M \|\sum_{k=0}^{n} \beta_k h_k(\circ)\|_1$

<u>für jede Wahl</u> von $\beta_k \in \mathbb{R}$, $0 \leq k \leq n$, $n \in \mathbb{P}$.

Die Beweise der entsprechenden Sätze 8 (a) und 8 (b) seien
wiederum dem Leser überlassen. Wie bereits in § 5 erwähnt, stammt
die Äquivalenz von (i) und (ii) in den Sätzen 8 (a) - (c) von

Dominguez González [10]. Mit Hilfe von Satz 6 (d) erhalten wir ferner

<u>Satz 8 (d)</u> ($L^1(-\infty,\infty)$-Fall). <u>Sei $\{\mu_k\}_{k=0}^{\infty}$ eine Folge reeller Zahlen, welche der Bedingung $\mu_k = \mathcal{O}(k^{-1/12})$ genügt. Dann sind folgende beiden Aussagen äquivalent</u>:

(i) $\qquad \mu_k = \int_{-\infty}^{\infty} h_k(x) g(x) dx \qquad\qquad (k \in \mathbb{P})$

$\qquad$ mit einem $g \in L^1(-\infty,\infty)$;

(ii) $\qquad \lim_{r,\rho \to 1-} \int_{-\infty}^{\infty} |\sigma_h(x,r) - \sigma_h(x,\rho)| dx = 0.$

Zum Beweis dieses Satzes ist zu bemerken, daß der Hermite-Kern $K_h(x,u,r)$ die Bedingung (5.26) erfüllt (siehe hierzu [10]).

6.3 Modifiziertes Legendre-Momentenproblem

Während die zwei bislang betrachteten orthonormierten Systeme auf unendlichen Intervallen, nämlich $[0,\infty)$ bzw. $(-\infty,\infty)$, definiert sind, soll nun der Fall eines endliches Intervalls I untersucht werden. Als orthonormiertes System nehmen wir die Legendre-Polynome. Allgemeine Jacobi-Polynome $P_n^{(\alpha,\beta)}(x)$ können nicht betrachtet werden, da z.B. die Chebychev-Polynome $T_n(x)$, welche bekanntlich wie die Legendre-Polynome einen Spezialfall der Jacobi-Polynome darstellen, verschiedene Voraussetzungen, die wir an die orthonormierten Systeme stellen müssen, z.B. (5.6), nicht mehr erfüllen. Dies wird ausführlicher am Ende diese Abschnittes diskutiert.

Das k-te Legendre-Polynom $P_k(x)$, $x \in [0,1]$, definiert durch

(6.20) $\qquad P_k(x) = \frac{1}{k!} \frac{d^k}{dx^k} [x^k (1-x)^k] \qquad\qquad (k \in \mathbb{P}).$

hängt mit den klassischen Legendre-Polynomen $X_k(x)$ auf $[-1,+1]$ zusammen durch

$\qquad\qquad P_k(x) = X_k(2x-1) \qquad\qquad (x \in [0,1], k \in \mathbb{P}).$

Das System der

(6.21) $\quad p_k(x) = (2k+1)^{1/2} P_k(x) \quad\quad (x \in [0,1],\ k \in \mathbb{P})$

ist dann orthonormiert über $[0,1]$. Weiterhin haben die Legendre-Polynome $p_k(x)$ die Eigenschaft (vgl. Sansone [32, S. 181 ff])

(6.22) $\quad \|p_k(\cdot)\|_{C_0} = \mathcal{O}(k^{1/2})$.

Aus (6.22) ergibt sich für die $L^q[0,1]$-Norm, $1 \leq q < \infty$,

(6.23) $\quad \|p_k(\cdot)\|_q = \mathcal{O}(k^{1/2})$.

Von Interesse ist weiterhin das Verhalten des Kerns $|K_p(x,u,r)|$ bezüglich der Integration nach x. Dabei brauchen wir ein Ergebnis einer Arbeit von Askey-Wainger [4, S. 464 (A-6)], aus dem wir in unserem speziellen Fall $\alpha=\beta=0$ und nach der Transformation $x=(x'+1)/2$ $x' \in [-1,1]$, $x \in [0,1]$ die Beziehung

(6.24) $\quad \int_0^1 |K_p(x,u,r)|\,dx = \mathcal{O}(1)$,

die gleichmäßig in $u \in [0,1]$ und $0 \leq r < 1$ gilt, entnehmen. Die Bedingung (5.6) folgt dann aus (6.21), (5.7) ist bewiesen durch (6.22) für $\nu_1=1/2$, (5.8) durch (6.24), (5.15) durch (6.21), (5.16) durch (6.30) für $\nu_3=1/2$, (5.20) durch (6.21) und schließlich (5.21) durch (6.23) für $\nu_4=1/2$. Als Anwendung des Satzes 7 formulieren wir hier nur den Teil (a), während wir die anderen Aussagen wieder dem Leser überlassen.

<u>Satz 9 (a)</u> (BV$[0,1]$-Fall). <u>Es sei $\{\mu_k\}_{k=0}^\infty$ eine Folge reeller Zahlen, welche die Bedingung $\mu_k = \mathcal{O}(k^{1/2})$ erfüllt. Dann sind folgende drei Aussagen äquivalent:</u>

(i) $\quad \mu_k = \int_0^1 p_k(u)\,d\alpha(u) \quad\quad (k \in \mathbb{P})$

<u>mit einem</u> $\alpha \in BV[0,1]$;

(ii) $\quad \int_0^1 |\sigma_p(x,r)|dx = O(1) \qquad (0 \leqslant r < 1);$

(iii) $\quad |\sum_{k=0}^n \beta_k \mu_k| \leqslant M \|\sum_{k=0}^n \beta_k p_k(\circ)\|_{C_0}$

<u>für jede Wahl von</u> $\beta_k \in \mathbb{R}$, $0 \leqslant k \leqslant n$, $n \in \mathbb{P}$.

Damit sind die allgemeinen Sätze von § 5 auf drei konkrete Orthonormalsysteme angewendet worden.

<u>Bemerkung 3.</u> Würde man statt der Legendre-Polynome z.B. die Chebychev-Polynome $T_n(x)$, welche für $x \in [-1,1]$ und $n \in \mathbb{N}$ durch

$$T_n(x) = \cos(n \arccos x)$$

definiert sind, wählen, so bilden diese bezüglich der Gewichtsfunktion

$$w(x) = (1-x^2)^{-1/2} \qquad (x \in (-1,1))$$

ein orthogonales System über $[-1,1]$, welches wie üblich orthonormiert werden kann durch die Modifikation

$$\widetilde{T}_n(x) = \begin{cases} \frac{1}{\sqrt{\pi}} T_0(x), & n=0 \\ \sqrt{\frac{2}{\pi}} T_n(x), & n \in \mathbb{N}. \end{cases}$$

Für das orthonormierte System

$$t_n(x) = \widetilde{T}_n(x)(1-x^2)^{-1/4}$$

kann man aber die allgemeinen Sätze aus § 5 nicht mehr anwenden, da die sup-Norm $\|t_n\|_{C_0}$ wegen der Gewichtsfunktion $w(x)$ nicht mehr endlich ist, insbesondere also (5.6) und (5.7) für $I=[-1,1]$ nicht mehr erfüllt sind. Die Frage ist nun, was geschieht, wenn man von den orthonormierten Systemen $\{t_n(x)\}$, $\{h_n(x)\}$ und $\{l_n(x)\}$ ausgehen würde und einen zu Satz 6 entsprechenden Satz in <u>gewichteten</u> Räumen betrachtet. Konkret besteht die Frage, unter welchen Voraussetzungen an $\{\mu_k\}_{k=0}^\infty$ vom Typ (5.6) - (5.9),

(5.15), (5.16), (5.20) und (5.21) die jeweiligen drei Äquivalenzen des Satzes 6 aussehen. Es besteht die Möglichkeit, daß diese von folgender Form sind, wobei $\{\Phi_k(u)\}_{k \in \mathbb{P}}$ ein System bezeichnet, welches bezüglich einer Gewichtsfunktion $w(u)$ über I orthonormiert ist:

(i) $\quad\quad \mu_k = \int_I \Phi_k(u) g(u) w(u) du \quad\quad\quad (k \in \mathbb{P})$

$\quad\quad\quad$ mit einem $g \in L^q(I)$;

(ii) $\quad\quad \int_I |\sum_{k=0}^{\infty} r^k \mu_k \Phi_k(u)|^q w(u) du = \mathcal{O}(1) \quad\quad (0 < r < 1)$;

(iii) $\quad\quad |\sum_{k=0}^{n} \beta_k \mu_k| \leq M \{\int_I |\sum_{k=0}^{n} \beta_k \Phi_k(u)|^q w(u) du\}^{1/q}$

$\quad\quad\quad$ für jede Wahl von $\beta_k \in \mathbb{R}$, $0 \leq k \leq n$, $n \in \mathbb{P}$.

Dieses Problem bleibt hier unbeantwortet.

7. Ein Vergleich zwischen dem Hausdorff-Momentenproblem und dem modifizierten Legendre-Momentenproblem

Berücksichtigt man, daß jede Potenz u^k, $u \in [0,1]$, $k \in \mathbb{P}$, über die Legendre-Polynome (6.21) darstellbar ist in der Form

(7.1) $\quad\quad u^k = \sum_{j=0}^{k} c_{j,k} p_j(u)$

mit eindeutig bestimmten reellen Zahlen $c_{j,k} \in \mathbb{R}$, $0 \leq j \leq k$, $k \in \mathbb{P}$, und daß umgekehrt

(7.2) $\quad\quad p_k(u) = \sum_{j=0}^{k} d_{j,k} u^j$

gilt mit eindeutigen $d_{j,k} \in \mathbb{R}$, $0 \leq j \leq k$, $k \in \mathbb{P}$, so weist der Satz 1 von Hausdorff mit Satz 9 (a) über das Legendre-Momentenproblem die folgende Verwandtschaft auf:

Aus dem Hausdorff-Momentenproblem erhält man das modifizierte Legendre-Momentenproblem, indem man gemäß (7.2) die Potenzen u^k durch die Linearkombination $p_k(u)$ ersetzt. Über (7.1) ist

dann auch der umgekehrte Weg möglich. Vergleicht man weiter
(3.11) mit dem Teil (iii) von Satz 9 (a) oder (3.2) mit (ii)
von Satz 9 (a), so besteht auch zwischen diesen Bedingungen
dieselbe Beziehung: Erfüllt eine Folge $\{\mu_k\}_{k=0}^{\infty}$ die Bedingung
(3.2), so erfüllt die eindeutig definierte Folge
$\{\sum_{\nu=0}^{k} c_{\nu,k} \mu_\nu\}_{k=0}^{\infty}$ die Bedingung (ii) des Satzes 9 (a) und erfüllt umgekehrt eine Folge $\{\mu_k\}_{k=0}^{\infty}$ die letztere Bedingung, so
gilt für die Folge $\{\sum_{\nu=0}^{k} d_{\nu,k} \mu_\nu\}_{k=0}^{\infty}$ auch (3.2).

Die oben diskutierte Beziehung zwischen dem Hausdorff- und
dem modifizierten Legendre-Momentenproblem kommt noch stärker
zum Ausdruck, wenn wir die Bedingung (ii) des Legendre-Satzes
9 (a) als eine vierte Äquivalenz zum Hausdorff-Problem hinzufügen.

<u>Satz 10.</u> <u>Sei</u> $\{\mu_k\}_{k=0}^{\infty}$ <u>eine Folge reeller Zahlen. Dann sind folgende Aussagen äquivalent:</u>

(i) $\qquad \mu_k = \int_0^1 u^k d\alpha(u) \qquad\qquad (k \in \mathbb{P})$

<u>mit einem</u> $\alpha \in BV[0,1]$;

(ii) $\qquad \sum_{k=0}^{n} |\mu_{k,n}| = \mathcal{O}(1) \qquad\qquad (n \in \mathbb{P})$;

(iii) $\qquad |\sum_{k=0}^{n} \beta_k \mu_k| \leq M \| \sum_{k=0}^{n} \beta_k u^k \|_{C_0}$

<u>für jede Wahl von</u> $\beta_k \in \mathbb{R}$, $0 \leq k \leq n$, $n \in \mathbb{P}$;

(iv) $\qquad \int_0^1 |\sum_{k=0}^{\infty} r^k \{\sum_{\nu=0}^{k} d_{\nu,k} \mu_\nu\} p_k(u)| du = O(1) \qquad (0 \leq r < 1)$,

<u>wobei die</u> $d_{\nu,k}$, $0 \leq \nu \leq k$, $k \in \mathbb{P}$ <u>wie in</u>
(7.2) <u>gegeben sind.</u>

<u>Beweis.</u> Gezeigt ist bereits die Äquivalenz von (i), (ii) und
(iii). Gilt nun (iii), so existiert nach Lemma 1 ein beschränktes lineares Funktional F auf C[0,1], mit der Eigenschaft

(7.3) $\quad F(u^k) = \mu_k \quad$ (k ε $\mathbb{P}$)

und der Darstellung

$$F(f) = \int_0^1 f(u)d\alpha(u) \quad (f \in C[0,1])$$

mit einem $\alpha \in BV[0,1]$. Insbesondere gilt für $f(u)=\sum_{\nu=0}^{k} d_{\nu,k} u^{\nu}$ bei beliebigem, festem $k \in \mathbb{P}$ (die $d_{\nu,k}$ sind wie in (7.2) gegeben) unter Anwendung von (7.3)

$$\sum_{\nu=0}^{k} d_{\nu,k}\mu_\nu = \int_0^1 p_k(u)d\alpha(u).$$

Die Folge $e_k := \sum_{\nu=0}^{k} d_{\nu,k}\mu_\nu$, $k \in \mathbb{P}$, erfüllt also mit (i) auch (ii) von Satz 9 (a), d.h. (iv) von Satz 10 gilt. Gilt umgekehrt (iv), so folgt wie im Beweis der Aussage (5.10) aus Bedingung (5.11) des Satzes 6 (a)

$$e_k = \int_0^1 p_k(u)d\alpha(u) \quad (k \in \mathbb{P}).$$

Daher gilt

$$\sum_{\nu=0}^{k} d_{\nu,k}\mu_\nu = \sum_{\nu=0}^{k} d_{\nu,k}\int_0^1 u^\nu d\alpha(u) \quad (k \in \mathbb{P}).$$

Dies impliziert

(7.4) $\quad \sum_{\nu=0}^{k} d_{\nu,k}(\mu_\nu - \int_0^1 u^\nu d\alpha(u)) = 0 \quad$ (k ε $\mathbb{P}$).

Da nun das k-te Legendre-Polynom $p_k(u)$ exakt vom Grad k ist, muß in der Darstellung (7.2) für jedes $k \in \mathbb{P}$ $d_{k,k} \neq 0$ sein. Durch vollständige Induktion nach $k \in \mathbb{P}$ folgt dann aus (7.4) sofort die Aussage (i) des Satzes 10.

Interessant ist in diesem Zusammenhang, daß die Legendre-Polynome $\{p_k(x)\}_{k \in \mathbb{P}}$ außerdem noch die Möglichkeit bieten, die Funktion $\alpha(u)$ des Hausdorff-Momentenproblems (3.1) bzw. von (i) in Satz 10 konkret anzugeben (vgl. [33, S. 91 f], [16,17]).

Um in der Schreibweise keine Verwechselung zu erhalten, bezeichnen wir im folgenden eine Hausdorff-Momentenfolge mit $\{\mu_k^{(H)}\}_{k=0}^\infty$, eine Legendre-Momentenfolge mit $\{\mu_k^{(L)}\}_{k=0}^\infty$ sowie die zugehörige Funktion von beschränkter Variation mit α_H bzw. α_L. Dann ist bekannt, daß die Funktion $\alpha_H(u)$ von beschränkter Variation in (3.1) die Gestalt

(7.5) $\qquad \alpha_H(u) = \sum_{\nu=0}^\infty \lambda_\nu \int_0^u p_\nu(y) dy$

hat mit

(7.6) $\qquad \lambda_\nu = \int_0^1 p_\nu(t) d\alpha_H(t) \qquad\qquad (\nu \in \mathbb{P})$.

Da wir uns mit den Legendre-Momentenproblemen beschäftigt haben, entsteht hier natürlich die Frage, ob die Funktion $\alpha_L \in BV[0,1]$ des Satzes 9(a) ebenfalls explizit angegeben werden kann. Da $\alpha_L(u)$ von beschränkter Variation und normalisiert ist, kann $\alpha_L(u)$ in die überall konvergente Legendre-Reihe

$$\alpha_L(u) = \sum_{\nu=0}^\infty p_\nu(u) \int_0^1 p_\nu(y) \alpha_L(y) dy$$

entwickelt werden. Mit Hilfe der Eigenschaften der Legendre-Polynome ergibt sich daraus

$$\alpha_L(u) = \sum_{\nu=0}^\infty \int_0^1 p_\nu(t) d\alpha_L(t) \int_0^u p_\nu(y) dy$$

Daher gilt

(7.7) $\qquad \alpha_L(u) = \sum_{\nu=0}^\infty \mu_\nu^{(L)} \int_0^u p_\nu(y) dy \qquad\qquad (u \in [0,1])$.

Um die Lösung $\alpha_H(u)$ des Hausdorff-Problems in (7.5) besser mit der des Legendre-Problems $\alpha_L(u)$ in (7.7) vergleichen zu können, ersetzen wir die Legendre-Polynome $p_\nu(t)$ in (7.6) gemäß (7.2). Damit hat $\alpha_H(u)$ die Gestalt

(7.8) $\qquad \alpha_H(u) = \sum_{\nu=0}^\infty \{\sum_{j=0}^\nu d_{j,\nu} \mu_\nu^{(H)}\} \int_0^u p_\nu(y) dy \qquad (u \in [0,1])$.

Die Formeln (7.7) und (7.8) zeigen, daß die Funktion α_H bzw. α_L formal wiederum über (7.2) verknüpft sind. Statt der Legendre-Momentenfolge $\{\mu_\nu^{(L)}\}_{\nu=0}^\infty$ in der Darstellung (7.7) tritt im Hausdorff-Fall eine Linearkombination der Hausdorff-Folge $\{\mu_\nu^{(H)}\}_{\nu=0}^\infty$ auf, deren Koeffizienten eindeutig aus (7.2) bestimmt sind.

Die Berechnung der Funktion $\alpha(u) \in BV(I)$ des zweiten modifizierten Laguerre- bzw. Hermite-Momentenproblems in Satz 7 (a) bzw. 8 (a) stößt auf Schwierigkeiten, wenn man analog wie im Legendre-Fall vorgehen will. Denn obwohl für die Laguerre- bzw. Hermite-Polynome ähnliche Funktionalgleichungen gelten (vgl. [32, S. 299 (10), S. 304 (4)]) wie für die Legendre-Polynome (vgl. [32, S. 178 (14)]), gehen diese Beziehungen verloren durch den Übergang zu den Laguerre- bzw. Hermite-Funktionen wegen der Gewichtsfunktionen. Explizite Berechnungen der o.a. Belegungsfunktionen $\alpha(u) \in BV(I)$ sind in diesen Fällen den Verfassern unbekannt.

8. Der Zusammenhang zwischen den modifizierten Momentenproblemen und den Riesz-Sätzen

Bisher haben wir das Hausdorff-Momentenproblem sowie die modifizierten Momentenprobleme erster und zweiter Art, d.h. das modifizierte Laguerre-, Hermite- und Legendre-Momentenproblem, unter Benutzung der Riesz-Darstellungssätze bewiesen. Da bekannt ist, daß man das Riesz-Darstellungsproblem für C[0,1] mit Hilfe des Hausdorff-Momentenproblems lösen kann (vgl. [19], [39]), soll in diesem Abschnitt untersucht werden, ob die Riesz-Sätze für beschränkte lineare Funktionale auch auf $C_o(I)$ bzw. $L^p(I)$, $1 \leq p < \infty$, über die modifizierten Momentenprobleme bewiesen werden können. Damit hätte man die für [0,1] bekannte Kopplung zwischen dem BV[0,1]-Hausdorff-Momentenproblem und dem C[0,1]-Riesz-Satz verallgemeinert auf die modifizierten Momentenprobleme in obigen Räumen und die Riesz-Darstellungssätze für die zugehörigen dualen

Räume: das eine kann jeweils mit Hilfe des anderen hergeleitet werden.

Während dies für die Intervalle $I=[0,\infty)$ bzw. $I=(-\infty,\infty)$ nur für die zweiten modifizierten Momentenprobleme durchgeführt wird, könnte man analog die erste Modifikation benutzen, da die Systeme $\{u^k e^{-u/2}\}_{k\in\mathbb{P}}$ bzw. $\{u^k e^{-u^2/2}\}_{k\in\mathbb{P}}$ ebenfalls Fundamentalmengen in $C_o(I)$ und $L^p(I)$, $1 \leq p < \infty$, für $I=[0,\infty)$ bzw. $I=(-\infty,\infty)$ bilden. Da unseres Wissens die Kopplung zwischen dem Hausdorff-Momentenproblem und dem Riesz-Satz nur für $C[0,1]$ bekannt ist, wird auch der Fall $L^p[0,1]$, $1 \leq p < \infty$, mitbehandelt, und zwar diesmal durch das originale Hausdorff-Problem, welches in analoger Weise auch durch das Legendre-Momentenproblem ersetzt werden könnte.

Wir beweisen zunächst also Satz A aus § 2, diesmal unter Verwendung der Sätze 7 (a), 8 (a).

Zweiter Beweis von Satz A.

(i) Fall $C_o(I)=C_o[0,\infty)$. Dann definieren wir eine Folge $\{\mu_k\}_{k=0}^{\infty}$ reeller Zahlen durch

(8.1) $\mu_k = F(l_k)$ $(k \in \mathbb{P})$,

wobei l_k die k-te Laguerre-Funktion ist. Da F nach Voraussetzung beschränkt ist, gilt insbesondere für jede Linearkombination

$\sum_{k=0}^{n} \beta_k l_k(x)$ $(\beta_k \in \mathbb{R}, 0 \leq k \leq n, n \in \mathbb{P}, x \in \mathbb{R})$,

$|F(\sum_{k=0}^{n}\beta_k l_k)| \leq \|F\| \; \|\sum_{k=0}^{n}\beta_k l_k(\circ)\|_{C_o}$.

Wegen der Linearität von F folgt dann mit (8.1):

$|\sum_{k=0}^{n}\beta_k \mu_k| \leq \|F\| \; \|\sum_{k=0}^{n}\beta_k l_k(\circ)\|_{C_o}$

für jede Wahl von $\beta_k \in \mathbb{R}$, $0 \leq k \leq n$, $n \in \mathbb{P}$. Nach Satz 7 (a) existiert daher ein $\alpha \in BV[0,\infty)$, so daß

$$\mu_k = \int_0^\infty l_k(u)d\alpha(u) \qquad (k \in \mathbb{P})$$

und nach (8.1)

(8.2) $\qquad F(l_k) = \int_0^\infty l_k(u)d\alpha(u).$

Da nun $\{l_k(x)\}_{k \in \mathbb{P}}$ eine Fundamentalmenge in $C_0[0,\infty)$ bildet (vgl. [35, S. 78 ff], [6, S. 131]), existiert zu beliebig vorgegebenem $f \in C_0[0,\infty)$ und $\eta > 0$ eine Linearkombination $\sum_{j=0}^m a_j l_j(x)$ mit

(8.3) $\qquad \|f(\circ) - \sum_{j=0}^m a_j l_j(\circ)\|_{C_0} < \eta.$

Nun gilt aber

$$|\int_0^\infty f(u)d\alpha(u) - F(f)| \leq |\int_0^\infty f(u)d\alpha(u) - \int_0^\infty \sum_{j=0}^m a_j l_j(u)d\alpha(u)|$$
$$+ |\int_0^\infty \sum_{j=0}^m a_j l_j(u)d\alpha(u) - F(\sum_{j=0}^m a_j l_j)| + |F(\sum_{j=0}^m a_j l_j) - F(f)|$$
$$\leq \|f - \sum_{j=0}^m a_j l_j\|_{C_0} [\text{Var } \alpha]_0^\infty + \|F\| \, \|\sum_{j=0}^m a_j l_j - f\|_{C_0},$$

da der zweite Summand wegen (8.2) gleich Null ist. Mit (8.3) gilt also

$$|\int_0^\infty f(u)d\alpha(u) - F(f)| \leq ([\text{Var } \alpha]_0^\infty + \|F\|)\eta$$

für jedes $\eta > 0$ und beliebiges $f \in C_0[0,\infty)$. Daher folgt (2.1) für $C_0(I) = C_0[0,\infty)$.

(ii) Fall $C_0(I) = C_0(-\infty,\infty)$. Definiert man nun

$$\mu_k = F(h_k) \qquad (k \in \mathbb{P}),$$

wobei h_k die k-te Hermite-Funktion ist, so gelangt man über Satz 8 (a) analog wie im Teil (i) dieses Beweises zur Darstellung

$$F(h_k) = \int_{-\infty}^\infty h_k(u)d\alpha(u) \qquad (k \in \mathbb{P})$$

mit $\alpha \in BV(-\infty,\infty)$. Da nach [35, S. 78 ff] das System $\{h_k\}_{k \in \mathbb{P}}$ eine Fundamentalmenge in $C_o(-\infty,\infty)$ bildet, gelangt man analog wie oben zur Darstellung (2.1) im Falle $C_o(I)=C_o(-\infty,\infty)$.

Als <u>zweiten Beweis des Satzes B</u> mittels der modifizierten Momentenprobleme bzw. des $L^q[0,1]$-Hausdorff-Problems haben wir:

(i) Fall $L^p(I)=L^p[0,\infty)$: Nun definiert man $\{\mu_k\}_{k=0}^{\infty}$ wie in (8.2) und benutzt Satz 8 (b) für den Beweis

$$(8.4) \qquad F(l_k) = \int_o^\infty l_k(u)g(u)du \qquad (k \in \mathbb{P})$$

mit einer Funktion $g \in L^q[0,\infty)$. Berücksichtigt man, daß das System $\{l_k\}_{k \in \mathbb{P}}$ auch in $L^p[0,\infty)$ für $1 \leq p < \infty$ eine Fundamentalmenge bildet (siehe [35, S. 75]), so erhält man die Darstellung (2.2) für $I=[0,\infty)$ analog zum zweiten Beweis von Satz A, Teil (i), mit Hilfe der Hölder-Ungleichung.

(ii) Für $L^p(I)=L^p(-\infty,\infty)$ verfahre man analog, setze $\mu_k=F(h_k)$ und benutze die Hermite Funktionen mit [35, S. 80].

(iii) Für $L^p(I)=L^p[0,1]$ definiert man

$$(8.5) \qquad \mu_k = F(u^k) \qquad (k \in \mathbb{P})$$

und erhält über den Satz 2 (b) bzw. 2 (c) die Momentenfolge

$$F(u^k) = \int_o^1 u^k g(u)du \qquad (k \in \mathbb{P})$$

mit einem $g \in L^q[0,1]$. Wie in (i) und (ii) liefert nun die Tatsache, daß die Polynome dicht in $L^p[0,1]$ liegen, die gewünschte Darstellung.

Demnach zeigt es sich, daß die obige Kopplung zwischen dem Hausdorff-Momentenproblem bzw. den modifizierten Momentenproblemen einerseits und den Riesz-Darstellungssätzen andererseits besteht. Während Hildebrandt-Schoenberg [20] oder auch Widder [39, S. 105] von der durch (8.5) definierten Folge $\{\mu_k\}_{k=0}^{\infty}$ die schwieriger nachzuweisende Bedingung (3.2) zeigen und auch - wie bereits erwähnt - nur den Fall $C_o(I)=C[0,1]$ betrachten, werden hier alle (mit der sup-Norm versehenen) Räume $C_o(I)$ und auch die Räume $L^p(I)$, $1 \leqslant p < \infty$, der Lebesgue-integrierbaren Funktionen erfaßt, wobei die in allen Darstellungssätzen (Sätze 1,2,3,7,8,9) bewiesene dritte Äquivalenz, die durch die Funktionalanalysis geliefert wird, die jeweiligen zweiten Beweise der Sätze A und B stark verkürzt.

Die Autoren sind Fräulein A. Grünig, die das Manuskript mit großer Sorgfalt geschrieben hat, zu Dank verpflichtet.

Literaturverzeichnis

[1] M. ABRAMOWITZ - I.A. STEGUN: Handbook of Mathematical Functions, Dover Publications, New York, 1965.

[2] N.I. ACHIEZER: The Classical Moment Problem, Oliver & Boyd, Edinburgh and London, 1965, (Russ. Orig. 1961).

[3] N.I. ACHIEZER - M. KREIN: Some Questions in the Theory of Moments, Amer. Math. Soc. New York, 1962, (Russ. Orig. 1938).

[4] R. ASKEY - S. WAINGER: A convolution structure for Jacobi series, Amer. J. Math. $\underline{91}$ (1969), 463-485.

[5] P.L. BUTZER, Halbgruppen von linearen Operatoren und das Darstellungs- und Umkehrproblem für Laplace-Transformationen, Math. Ann. $\underline{134}$ (1957), 154-166.

[6] P.L. BUTZER - R.J. NESSEL: Fourier Analysis and Approximation, Vol. I, Birkhäuser Verlag, Basel und Stuttgart, 1971.

[7] P.L. BUTZER - W. OBERDÖRSTER: Linear functionals on various spaces of continuous functions on R, J. Approx. Theory $\underline{13}$ (1975), 451-469.

[8] M. COTLAR - R. CIGNOLI: An Introduction to Functional Analysis, North-Holland Publishing Company, Amsterdam - New York, 1974.

[9] A. DOMINGUEZ GONZALEZ: Sur les intégrales de Laplace, C.R. Acad. Sci. (Paris) $\underline{205}$ (1937), 1035-1038.

[10] A. DOMINGUEZ GONZALEZ: Sobre las series de funciones de Hermite, Rev. Un. Mat. Argentina, Buenos Aires (2) 1938, 1-16.

[11] A. DOMINGUEZ GONZALEZ: Condiciones necessarias y suficientes para que una funcion sea una integral de Laplace, Rev. Un. Mat. Argentina, Buenos Aires (2) 1938.

[12] N. DUNFORD - J.T. SCHWARTZ: Linear Operators. Vol. I: General Theory, Interscience Publ. New York, 1958.

[13] R.E. EDWARDS: Functional Analysis, Holt, Rinehart and Winston, New York, 1965.

[14] H. HAHN: Über lineare Gleichungssysteme in linearen Räumen, J. Reine Angew. Math. $\underline{157}$ (1927), 214-229.

[15] H. HAMBURGER, Über eine Erweiterung des Stieltjes'schen Momentenproblems, Math. Ann. 81 (1920), 235-319; 82 (1921), 120-164, 168-187.

[16] F. HAUSDORFF: Summationsmethoden und Momentfolgen I, II, Math. Z. 9 (1921), 74-109, 280-299.

[17] F. HAUSDORFF: Momentenprobleme für ein endliches Intervall, Math. Z. 16 (1923), 220-248.

[18] E. HEWITT - K. STROMBERG: Real and Abstract Analysis, Springer Heidelberg - New York, 1965.

[19] T.H. HILDEBRANDT: On the moment problem for a finite interval, Bull. Amer. Math. Soc., 38 (1932), 269-270.

[20] T.H. HILDEBRANDT - I.J. SCHOENBERG: On linear functional operations and the moment problem for a finite interval in one or several dimensions, Ann. of Math. 34 (1933), 317-328.

[21] E. HILLE: A class of reciprocal functions, Ann. of Math. (2) 27 (1926), 427-468.

[22] E. HILLE - R.S. PHILLIPS: Functional Analysis and Semi-Groups, Amer. Math. Soc. Colloquium Publications, Vol. XXXI., Providence, R.I., 1957.

[23] S. KACZMARZ - H. STEINHAUS: Theorie der Orthogonalreihen, Chelsea Publishing Company, New York, 1951.

[24] L.A. LJUSTERNIK - W.I. SOBOLEV: Elemente der Funktionalanalysis, Akademie-Verlag, Berlin, 1955 (Russ. Orig. Moskau 1951).

[25] G.G. LORENTZ: Bernstein Polynomials, Univ. of Toronto Press, 1953.

[26] S. MANDELBROJT: General theorems of closure, The Rice Institute Pamphlet, Special Issue, November 1951.

[27] E.J. MCSHANE: Linear functionals on certain Banach-spaces, Proc. Amer. Math. Soc. 1 (1950), 402-408.

[28] B. MUCKENHOUPT: Poisson integrals for Hermite and Laguerre expansions, Trans. Amer. Math. Soc. 139 (1969), 231-242.

[29] I.P. NATANSON: Konstruktive Funktionentheorie, Akademie-Verlag, Berlin 1955 (Russ. Orig. 1951).

[30] W. Orlicz: Beiträge zur Theorie der Orthogonalentwicklungen, Studia Math. 1 (1929), 1-39, 241-255.

[31] H.L. ROYDEN: Real Analysis, Macmillan, New York 1963.

[32] G. SANSONE: Orthogonal Functions, Interscience Publ., New York 1959.

[33] J.A. SHOHAT - J.D. TAMARKIN: The Problem of Moments, Amer. Math. Soc., New York 1943.

[34] T.J. STIELTJES: Recherches sur les fractions continues, Ann. de la fac. des sc. de Toulouse $\underline{8}$ (1894), S.J. 1-122, $\underline{9}$ (1895), S.A. 1-47.

[35] M.H. STONE: A generalized Weierstraß approximation theorem, in: Studies in Modern Analysis (Studies in Math. 1; Ed. R.C. Buck) Amer. Math. Soc. Prentice Hall, 1962.

[36] G. SZEGÖ: Orthogonal Polynomials, Amer. Math. Soc. Coll. Publ., XXIII, New York, 1939.

[37] Y.K. WANG: Bemerkungen über das Hausdorff'sche Momentenproblem für Funktionen in L^p, Portugal Math., $\underline{21}$ (1962), 89-92.

[38] G.N. WATSON: Notes on generating functions of polynomials, II., Hermite polynomials, J. London Math. Soc. $\underline{8}$ (1933), 194-199.

[39] D.V. WIDDER: The Laplace Transform, Princeton Univ. Press, Princeton 1946.

Forschungsberichte des Landes Nordrhein-Westfalen

Herausgegeben im Auftrage des Ministerpräsidenten Heinz Kühn
vom Minister für Wissenschaft und Forschung Johannes Rau

Sachgruppenverzeichnis

Acetylen · Schweißtechnik
Acetylene · Welding gracitice
Acétylène · Technique du soudage
Acetileno · Técnica de la soldadura
Ацетилен и техника сварки

Arbeitswissenschaft
Labor science
Science du travail
Trabajo científico
Вопросы трудового процесса

Bau · Steine · Erden
Constructure · Construction material ·
Soilresearch
Construction · Matériaux de construction ·
Recherche souterraine
La construcción · Materiales de construcción ·
Reconocimiento del suelo
Строительство и строительные материалы

Bergbau
Mining
Exploitation des mines
Minería
Горное дело

Biologie
Biology
Biologie
Biologia
Биология

Chemie
Chemistry
Chimie
Química
Химия

Druck · Farbe · Papier · Photographie
Printing · Color · Paper · Photography
Imprimerie · Couleur · Papier · Photographie
Artes gráficas · Color · Papel · Fotografía
Типография · Краски · Бумага · Фотография

Eisenverarbeitende Industrie
Metal working industry
Industrie du fer
Industria del hierro
Металлообрабатывающая промышленность

Elektrotechnik · Optik
Electrotechnology · Optics
Electrotechnique · Optique
Electrotécnica · Optica
Электротехника и оптика

Energiewirtschaft
Power economy
Energie
Energía
Энергетическое хозяйство

Fahrzeugbau · Gasmotoren
Vehicle construction · Engines
Construction de véhicules · Moteurs
Construcción de vehículos · Motores
Производство транспортных средств

Fertigung
Fabrication
Fabrication
Fabricación
Производство

Funktechnik · Astronomie
Radio engineering · Astronomy
Radiotechnique · Astronomie
Radiotécnica · Astronomía
Радиотехника и астрономия

Gaswirtschaft
Gas economy
Gaz
Gas
Газовое хозяйство

Holzbearbeitung
Wood working
Travail du bois
Trabajo de la madera
Деревообработка

Hüttenwesen · Werkstoffkunde
Metallurgy · Materials research
Métallurgie · Matériaux
Metalurgia · Materiales
Металлургия и материаловедение

Kunststoffe
Plastics
Plastiques
Plásticos
Пластмассы

Luftfahrt · Flugwissenschaft
Aeronautics · Aviation
Aéronautique · Aviation
Aeronáutica · Aviación
Авиация

Luftreinhaltung
Air-cleaning
Purification de l'air
Purificación del aire
Очищение воздуха

Maschinenbau
Machinery
Construction mécanique
Construcción de máquinas
Машиностроительство

Mathematik
Mathematics
Mathématiques
Matemáticas
Математика

Medizin · Pharmakologie
Medicine · Pharmacology
Médecine · Pharmacologie
Medicina · Farmacologia
Медицина и фармакология

NE-Metalle
Non-ferrous metal
Metal non ferreux
Metal no ferroso
Цветные металлы

Physik
Physics
Physique
Fisica
Физика

Rationalisierung
Rationalizing
Rationalisation
Racionalización
Рационализации

Schall · Ultraschall
Sound · Ultrasonics
Son · Ultra-son
Sonido · Ultrasónico
Звук и ультразвук

Schiffahrt
Navigation
Navigation
Navegación
Судоходство

Textilforschung
Textile research
Textiles
Textil
Вопросы текстильной промышленности

Turbinen
Turbines
Turbines
Turbinas
Турбины

Verkehr
Traffic
Trafic
Tráfico
Транспорт

Wirtschaftswissenschaften
Political economy
Economie politique
Ciencias economicas
Экономические науки

Einzelverzeichnis der Sachgruppen bitte anfordern

Westdeutscher Verlag GmbH
- Auslieferung Opladen -
567 Opladen, Postfach 1620

MIX
Papier aus verantwortungsvollen Quellen
Paper from responsible sources
FSC® C105338

If you have any concerns about our products,
you can contact us on
ProductSafety@springernature.com

In case Publisher is established outside the EU,
the EU authorized representative is:
**Springer Nature Customer Service Center GmbH
Europaplatz 3, 69115 Heidelberg, Germany**

Printed by Libri Plureos GmbH
in Hamburg, Germany